中国风景园林学会规划设计专业委员会
中国风景园林学会信息委员会 编
中国勘察设计协会风景园林与生态环境分会

China
Landscape
Architects

风景园林师 2022 下

中国风景园林时代印记和精品实录

中国建筑工业出版社

contents

目 录

发展论坛

001　六十年的变迁——访谈张国强关于我国风景名胜区规划发展

004　中国传统山水智慧探析

北京大学城市与环境学院/陈耀华　秦　芳

008　浙江省自然保护地体系发展"十四五"规划

浙江省城乡规划设计研究院/李　鑫　宋松松

风景名胜

012　贵州梵净山世界遗产分区管控规划研究

国家林业和草原局林产工业规划设计院/王旖静　姜　哲　张　邈

018　江西上饶灵山国家级风景名胜区总体规划（2016～2030年）

江西省城乡规划设计研究总院/朱　琼　易桂秀

023　一场生命力创造实验——以广东广州海珠湿地三期保护与修复为例

广州园林建筑规划设计研究总院有限公司/李　珊　梁曦亮　梁　欣

026　文旅结合背景下的古城复兴实践探索——以湖北施州古城复兴为例

上海复旦规划建筑设计研究院有限公司/孙晓倩

030　诗意山水——安徽池州齐山平天湖风景名胜区规划策略研究

中国城市建设研究院有限公司/郭　倩

035　湖北武汉华侨城湿地公园

深圳奥雅设计股份有限公司/张　洁

园林绿地系统

039　增存并重的绿地系统规划策略探讨——以山西大同市中心城区绿地系统规划研究为例

北京景观园林设计有限公司/葛书红　邢至怡　林　霖

044　区县层级的公园城市建设规划探索——以四川成都市新津区为例

成都市风景园林规划设计院/陈明坤　张清彦　李艳华

contents

048 生态文明背景下的公园城市建设探索——山东青岛中德生态园公园城市建设规划
北京清华同衡规划设计研究院有限公司/周晓男 钱 源 陈 倩

053 长江经济带绿色发展中的生态修复探索——以重庆广阳岛为例
中国建筑设计研究有限公司生态景观建设研究院/朱燕辉 赵文斌

058 为新城添古，让文化可视——新疆可克达拉市军垦文化旅游街区规划设计
中国城市建设研究院有限公司/吴美霞

062 乡村全面振兴的全域全要素规划实践——广东省连州市新农村连片示范建设工程
上海同济城市规划设计研究院有限公司/周晓霞

066 高密度乡村的空间发展和文化传承——江苏吴江盛泽镇沈家村规划设计实践
苏州园林设计院有限公司/胡 玥

069 山东青州胡林古景区山地生态景观开发与建设实践
山东青华园林设计有限公司/宋仲钰

公园花园

072 城市公园的郊野化模式探索——北京黑桥公园
易兰（北京）规划设计股份有限公司/唐艳红 魏佳玉 李 睿

076 基于儿童创造力的景观设计研究——以第十届中国花卉博览会儿童乐园为例
同济大学建筑与城市规划学院/邵 敏

079 "黏性"的社区公园设计——以河北廊坊市三叶公园设计与建设为例
笛东规划设计（北京）股份有限公司/王 韵

082 画衍经行，山水殊胜——浙江舟山普陀山观音法界观音公园规划设计
杭州园林设计院股份有限公司/许沧海

086 地域文化和生态智慧的综合性公园——以湖南长沙滨水新城月亮岛生态区为例
南京市园林规划设计院有限责任公司/田 原 李浩年 刘惠杰

089 "与古为新、新古相融"——以浙江义乌横塘公园设计为例
中国美术学院风景建筑设计研究总院有限公司/郑 捷 陈丽君

092 高科技引领下的AI互动公园——以湖南衡阳陆家新区中央公园项目为例
湖南建科园林有限公司/罗 翔

contents

095 　老城区绿地更新策略与实践——以北京市西城区绿地提升为例
　　　 北京创新景观园林设计有限责任公司/梁　毅

098 　以群众需求为导向的口袋公园设计——湖北武汉东西湖区口袋公园设计与建设
　　　 武汉市园林建筑规划设计研究院有限公司/朱晓雨　熊庆锋

景观环境

101 　融文化于生态，从历史向未来——北京城市副中心千年城市守望林的设计与实施
　　　 北京山水心源景观设计院有限公司/夏成钢

104 　共建共赏共享的生态廊道——以河南郑州省道S312廊道为例
　　　 深圳市北林苑景观及建筑规划设计院有限公司/周　璇　张鑫乾　陈艾扬

107 　生态筑基，园业共荣——新疆生产建设兵团第十二师头屯河东岸万亩绿心项目
　　　 新疆城乡规划设计研究院有限公司/普丽群

111 　上海北外滩城市滨水会客厅景观提升——以上海虹口滨江段公共空间景观提升项目为例
　　　 上海市园林设计研究总院有限公司/杨宇辰

114 　实现"最后500m"休闲需求——北京经济技术开发区9号绿地景观提升项目
　　　 北京北林地景园林规划设计院有限责任公司/李　煜

117 　城市更新中的记忆传承与焕新——江苏扬州冶金厂景观设计与建设实践
　　　 广州怡境景观设计有限公司/蒋晶石　王静怡

120 　北京城建理工大学2号地景观设计手法初探
　　　 中外园林建设有限公司/张　宇　郭　明　孙惠一

123 　"珍珠之海"——第十一届中国国际园林博览会珠海园
　　　 北京多义景观规划设计事务所/林　箐

风景园林工程

126 　风景名胜区的生态修复与景观提升——以山东济南华山山体及山麓景观修复工程为例
　　　 北京市园林古建设计研究院有限公司/刘　月　张福山

130 　山清水秀、美丽之地——重庆中心城区坡地、堡坎、崖壁绿化美化实践探索
　　　 重庆市风景园林规划研究院/鲍立华

contents

135   生态修复走向生态赋能——以河北武安九龙山矿山生态修复公园为例
       中国中建设计集团有限公司/吕　宁　郭志强　郭　佳

139   山东威海环翠区滨海步行道景观设计
       绿苑景观规划设计（山东）有限公司/韩　凯

142   激发城市活力的滨水空间营造——山东济南小清河生态景观带改造提升工程
       济南园林集团景观设计有限公司/王志楠　王　岩

六十年的变迁

——访谈张国强关于我国风景名胜区规划发展

2021 年 11 月 19 日

发展论坛

发展论坛

在社会快速转型、经济高速发展、城市化急速推进中，风景园林也面临着前所未有的发展机遇和挑战，众多的物质和精神矛盾，丰富的规划与设计论题正在召唤着我们去研究论述。

问： 1960 年代的桂林城市规划对探索现代风景区规划设计具有什么典型意义？城市和风景区规划是什么样的关系？

张： 桂林很有特点，它的城市和山水（即风景区）是很难分的，实际上是一个东西。如果按照我国典型的名山风景区概念看，更多的是远离城市的名山大川，风景区跟城市确实区别很大，但在桂林、杭州这些地方，城市和风景区早期就是一体共存的。主要在规划的切入重点上进行区别，如果以城市为重点，那么风景区就是其中的若干片或点；相反，若是以风景区为主，那么城镇就是其中的若干个点。

中国建筑科学研究院历史理论所在"文革"前蹲点桂林做的规划就是把城市作为风景区中的两片，重点放在西部城区——在桂林山水的西边外缘地带，然后是东部老城——作为山水中的一个部分，现在还是这两大片。当时的建筑都不超过 4 层的，后来香港、台湾有人来投资，像漓江饭店这样的高层起来了，就导致山水减色了。到我们规划的时候（1960~1970 年代），全国还是"文化大革命"的气氛，只有北京、西安、桂林、广州几个城市相对开放一些，一般外宾到桂林就看漓江山水，桂林设有"外事工程办公室"专职此类事。当时"中南局"第一书记陶铸很重视桂林的山水，再加上当时城市还没有大发展，桂林的城市在山水中占的比例仍然很小，实际上也可以理解为是在风景区中有聚有散的居民点。后来城市发展快了，像现在西部城区已经很大了，再加上城市规划也有专业了，城市的概念就说得多了些。但山水仍然是桂林的名片与核心，城市在其中还是维持区或片的形态，如果舍弃了山水发展城市，社会是接受不了的。

总之，城市在一定规模之内是可以与自然山水、风景区互补的，可一旦突破了相当的规模，城市的交通、高层建筑等就会干扰风景。杭州、三亚不也遇到类似的问题吗？所以，城市规划和风景区规划的区别就在以谁为重点上，我们在跟城市规划合作的时候，始终是有矛盾、有斗争、也有共同目标的。

问： 您在规划崂山风景区时是怎样处理风景区和城市关系的？

张： 那时候青岛市区离崂山风景区还很远，中间还有几公里的农村、农田地带。后来城市扩张就要抢占海滨，就向崂山方向开始建设了，从这一点讲，大概所有城市的发展与自然山水、风景区的矛盾都是这样，人的居住生活需要好的环境，城市的建设就会抢占环境更好的风景区，这就导致了自然风景的破坏。城市和风景区的关系实际上就是人与自然关系的一种表现，既有对立、矛盾，但是又是可以协调的。

问： 您是怎么在崂山风景区规划中鲜明地提出了风景点、旅游点和居民点 3 个系统的呢？

张： 这还是受到在桂林工作时，我考察漓江和花坪自然保护区的启发。当时的条件很艰苦，要考察的地方很多是荒郊野外，有蚂蟥、蛇类，当地少数民族向导是带着猎枪带路，预防撞见野生动物。我们考察都是靠步行，能有个自行车就很不错了。有时候一进山里就是几天，要去村里找大队长、富裕户才能吃上饭，晚上回不去就睡在公社粮仓。县城、镇乡所在地就是居民点，在图上一看居民点系统就出来了。其中只有公社、大队所在的镇村才能为外来人提供基本的吃住条件，那旅游服务点也就有了。村民选择居住的地方都是靠近有山有水有田的好地方，也是接近山、水、洞、石等大自然最美的地方，所以风景点系统基本也就出来了。我当时提出这 3 个系统时，有人赞成，有人质疑，但是把原理与关系讲清楚，大家也就理解了。这些其实都是从实际工作中提炼出来的，你要去野外考察过就能明白，没有这些系统，人是难以生活或生存的。

问：您跟张延惠、黄茂如二位先生早在1981年就拟定了《风景名胜资源调查提纲（初稿）》的分类和评价，当时社会是怎么认识风景资源的呢？

张：这个问题比较复杂。我最初做了一个"三圆三环"的图式，针对景物（风景素材）、景感（人的感受）、景因（人感知风景的条件）3方面分析了风景特征构成的基本因素。但是没有量化，因为这3方面的因素都还没有分析完，量化的比例也很难定，但基本因素是清晰了的，要量化是可以进一步研究的，但很难。景因主要是时空条件，还可以分析；景感是关于人的感受，这很难说清楚；景物则是必须搞清楚的，分得就很细，包括3大类、12中类、98小类、803子类。当时别的学科也没有做这种资源的分类，我们先做了，大家逐渐接受了，到现在基本上还是用这个分类体系。

问：当您把风景资源系统分类时，有没有考虑像现在的"文化景观"概念，强调自然结合人文吗？

张：当然想过，其实仅是本土用词与外来用词的差异，也有"先入为主"的影响。"三圆三环"就是想综合来看，但是景感、景因做不出来，就不得不把能先做出来的景物给弄清楚，这也是受到钱学森先生系统论的影响。当时就去查资料，请教相关学科的学者，比如像地理地质、植物学方面的，你从风景资源分类中就能看出来的，大类、中类就很明确，但再往下细分的小类、子类就不行了，各学科内部还争论呢。所以最好是各学科细分各学科的，但当时只有我跟张延惠、黄茂如3个人在北京搞了半个月，能力和时间有限，所以也就没办法再深入。

问：您的《风景园林文脉》一书搜集了众多从古至今的风景园林相关的经典篇目，但为什么我国风景园林学科没有形成一个特别成体系的理论呢？

张：过去我们讲山水风景和名山大川，这是有人在研究的，园林方面的园艺、农书都有研究的，文学方面的研究也有很多。但"风景园林"这个词是当代才有的，钱学森先生是我们这个学科的领军人，在他任中国科学技术协会主席时，大"建筑学"才分为建筑、城市规划和风景园林的，分了之后才能深入，他也要求我们3个学科都要分别梳理自己的历史和理论，并能形成"一级的学科"。我现在还保留有当年3个学科第一次提出的

各自的写作提纲，但后来3个学科都没有系统性地做各自的体系。"建筑"的工程技术方面的问题太复杂，"城市规划"的政策变化得又太快，反而我们"风景园林"的发展是"人天和美"稳步前进，相对还比较好做。历时十多年成书的《风景园林文脉》正是为了理论体系确立的基础工作。但我们这个风景园林一级学科更强调社会实践，所以把重心放在了应用技术上，也是因为现代社会发展的需求，建设实践的任务太多，出成果的时间也比较快，收益也相当可观，大家就很难坐下来认真做理论体系的构建。有个好消息是，由两代人合作的《风景园林学》初稿已经交付中国建筑工业出版社，明年年初有望面市。有了这个第一版的基础，"风景园林学"将有望能更稳健地发展。

问：您之前提出过区域性的风景规划，但现在学界对这一部分的研究和实践都很少，这有什么原因吗？

张：主要是行政体系的变化。我在1980年代提出这一概念的时候，主管部门还是"城乡建设环境保护部"，建设、土地、环保是一家，所有的建设是一体的，区域性的规划是可以进行的。后来一个部变三个部，"责权利、放管服"各有说法，学科名词术语交织，这实际上就更难做大范围的区域规划实践了。但"超脱性"研究还是可以的，难点在相应财力支持。我认为区域性的风景规划是有必要继续深入研究的。

问：现在风景名胜区纳入了以国家公园为主体的自然保护地体系，能谈谈您的见解吗？

张：近年来"有人"一说起"国家公园"时调门就高得出奇，作为一名专业人员，我有责任阐述几件历史事实，仅供业界思考：（1）在1860年"英法联军"和1900年"八国联军"两次火烧圆明园之间，1872年美国"黄石国家公园"成立。在中国皇家园林被烧毁的同时，建立起了美国的国家公园，其间的时段关系与含义值得深思。（2）改革开放初期1979年邓小平访美时，中美建交后签署的第一个中美合作协定中，就包含了中国的"风景名胜区"与美国的"国家公园"对口交流的内容。因为美国的国家"公园"不是自然保护区，是可以进入游览的。（3）因"有人"越级下发文件给山东地方，要求把泰山国家级风景名胜区的"自然"与"人文"部分分开，并将其自然部分改名为"省级自然公园"，此事件引发山东省和国内13位专家联合签名，于2020年5月上书国务院李克强总理，呼吁保留风景名胜区的原有体制和原来名称。（4）近年"三江源国家级自然保护区"的主管部门

将其更名为"三江源国家公园",这将带来两个"不大不小"的影响：一是《自然保护区条例》中那些因缺乏"人文精神"而行不通的说法是否更改，并逐步走向人与自然和谐发展的"公园"之路？二是此前就有"二江一河源""一河二江源""江河源"的三种说法，都包含有黄河的"身份"，只有"三江源"自然保护区既包含了黄河的数量又改变了"河"的名称，这样更改"中华民族母亲河"的称谓，不会留下终生遗憾吗？是否应改错归正！

"国家公园"实际上还是怎么认识和处理人与自然关系的问题，这个关系是辩证的、动态的。中华文明历史悠久，中华大地山河壮丽、人杰地灵、气候多样、物种丰富，中华民族能吸纳世界上多种文明智慧，创造出独特的人类文明。(此文是在同济大学宋霖博士的电话访谈基础上，由青金补充整理而成)

注：2000年7月22日，江泽民主席为青海三江源国家级自然保护区题写了区名。2005年7月18日青海三江源国家级自然保护区挂牌运行（百度百科）。

中国传统山水智慧探析

北京大学城市与环境学院／陈耀华　秦　芳

引言

自 1982 年国务院设立第一批 44 处国家级风景名胜区以来，经过近 40 年的发展，我国已经建立起了覆盖全国的国家级和地方级风景名胜区体系，目前共有国家级风景名胜区 9 批 244 处，以及约 700 处省级风景名胜区，共计近 1000 处，覆盖我国陆地国土面积的 2%，涵盖了华夏大地典型独特的自然景观和悠久厚重的历史文化。这些风景名胜区具有极高的山水价值和人文特色，是我国传统文化与智慧的典型代表。目前我国正在积极构建自然保护地体系，风景名胜区是最具中国特色的保护地，更是制度自信与文化自信的重要载体。充分挖掘风景名胜区的中国智慧，有利于进一步明确和巩固风景名胜区在其中的功能定位，为完善我国自然保护地管理体系的同时，也为全球自然保护地管理贡献中国力量。

作为风景名胜区主要依托的中国传统山水，有着源远流长的发展历史。早在先秦时期的《诗经》《论语》《中庸》中有大量诗篇描写自然山水环境，体现出自然山水在整体风景审美中的重要价值。魏晋南北朝时期，"山水""风景"二词已经成为当时能用以描述风光、景致的最高频语汇。自然山水逐渐成为独立的审美对象，并衍生出中国独特的山水文化。宋代时，苏东坡叹服于堪比西子的余杭和湖州山水时曾用"山水窟"非常精炼地表达了人与自然山水的关系，因此"山水窟"成为我国最早的风景名胜区的雏形。可见，风景名胜区自诞生之起，就是以自然山水为基底，融合中华文化为内涵的人与自然相互作用的结果，承载着华夏五千年的文化积淀，是中华文明薪火相传的共同财富，也是最具中国特色的保护地。

一、中国传统山水的认知智慧

中国传统山水发展至今，不仅自身孕育了独特的山水文化，对建筑、美学、宗教等其他文化艺术影响更是广泛而深刻。然而，其区别于世界上其他自然保护地类型的重要一方面在于人与自然的关系，包括人如何认识自然、利用自然、保护自然，具体体现在认识论和方法论两个层面。

（一）认识论——认识自然

从认识论角度来看，与西方人从宗教视角看待自然山川截然不同，中国人对于山水的认识源于儒释道背后更深层次的山水崇拜与信仰，它跳出自然宗教的框架，跨进国家政治领域，并逐步达到"天人合一""物我交融"的哲学境界，这是中国人自然山水智慧的核心，也映射出中国特色的传统宇宙观、国家观、人生观、价值观以及由此衍生的丰富的山水文化。

早期农耕社会中，农业耕作依赖于天时地利。自周代起，山岳崇拜之风逐渐盛行。伴随春秋时期诸子百家的兴起，人们对于自然山水的认识也逐渐转向积极、思辨的发展，追求人与自然主客共存、平衡统一的互补关系。风景本身成为哲学或者世界本质的一种表现形式。

以五岳为代表的自然山水在中国传统文化中的智慧极具象征性地反映了中国人对于自然运行规律的认识。代表了中国传统的宇宙观、国家观。首先，五岳的空间选址构成了东、西、南、北、中五个方位，横纵相连，近似垂直。其次，五岳与中华传统的"五行""五方"与"五色"相对应，即东岳泰山对应木和青色，南岳衡山对应火和赤色，中岳嵩山对应土和黄色，西岳华山对应金和白色，北岳恒山对应水和黑色。这反映了中国古人对于宇宙万物运行规律的基本理解，这种初步的"宇宙观"，特别是"天人合一"的理念深刻地影响了中国以及周边地区的哲学思想。其次，以五岳封禅为代表的皇帝祭祀显示出巨大的宗教礼法特征，代表君权正统，百姓安居，成为中国农耕文明时代国家统一、江山社稷的象征，这充分反映了当时的"国家观"。第三，自魏晋南北朝时期开始，我国山水诗、画的原始雏形开始形成并逐渐发展。这些山水诗画通过寄情山水、托物言志、拟人象征等寓意和手法，寄托人文情怀，反映出当时历史阶段文人士大夫阶层的人生观与价值观。同时，儒、释、道在中国古人认识、理解自然的过程中发挥了不可替代的作用。如东林寺的选址，慧远大师对于宗炳和谢灵运的影响，武夷精舍的创办，等等。在我国的自然山川中，道、儒、释三教与九流都能够和谐共处、各布其理，甚至同处一殿、各享其乐。因而我国的传统山水成为全世界各种宗教文化、教派和平共处的楷模。据统计，目前我国244处国家级风景名胜区中具有各类寺庙、道观等宗教胜迹的超过200处。这些看待自然以及人与自然关系的观点，成为中华民族理解自然、看待世界的认识论基础。

（二）方法论——利用自然、保护自然

中国古人基于自然崇拜及其衍生的认识论基础，对自然山水的利用、保护上遵循主客一体、天地人和的原则，顺应自然环境的发展变化，借助文化内涵、传说教义，营造通灵天地的胜境，以求达到"天人合一"的境界。这不仅体现在严格、规制的营建方式上，也体现在具体营建和保护管理措施上。

以五岳为例，首先，五岳的宏观布局，均形成了顺应自然，强化秩序，一条轴线，多重空间的秩序格局。其次，微观建筑与场地选址，也充分尊重自然，融于自然，突出主题，力求人地和谐。第三，山城一体、以城奉山的管理与服务体系，有效减少了山上的服务设施建设，保护了山体的生态原貌和自然环境，也成为中国名山山城保护关系的重要组成部分。第四，国家祭祀的保护地位、圣旨条例的保护法令以及职责明确的保护体制和多方参与的保护修缮都从国家制度、法理、实施层面保障了传统山水的严格保护，确保传统山水能够长久维持。

二、近现代西方对中国山水智慧的认知

（一）中国传统山水与自然崇拜的关联

中国传统山水智慧中所蕴含的认识论、方法论也对西方产生了深远影响。早在17世纪就有西方学者[①]在其游记中描述过中国的山水，18世纪浪漫主义时期，山水美学这一理念在西方获得了突出地位。19世纪末20世纪初以后，西方学者开始从哲学与宗教、地理角度切入，探索我国自然山水崇拜与宗教文化之间的关联。这期间涌现出了一批杰出学者，包括法国学者沙畹、德国学者卫礼贤、美国学者盖洛等人，他们基于现场调研、踏勘，结合书本材料和摄影技术以及地方志、谚语、地图、拓片等形式，通过比较研究，强调"圣山"与宗教文化、本土信仰以及自然崇拜之间的关联。为我国传统山水文化在西方世界的传播作出了积极贡献。

美国旅行家盖洛（William Edgar Geil，1865—1925）曾多次到访中国考察，在他的《中国五岳》（1926）一书中描述了五岳与中华传统的"五行""五方"与"五色"的对应关系[②]，认为数字"五"在中国文化中非同寻常，五岳代表了中国名山的神圣之处，并具有浓郁的中国本土宗教意义。与其他国家和地区的"圣山"宗教背景不同，中国只有四座山峰成为佛教圣山，而五岳则代表了中国古老而鲜明的本土特色。中国人对以五岳为代表的圣山崇拜原因远非儒、释、道，而是源于比老子、孔子更早的自然崇拜。《中国五岳》因此成为西方世界第一本系统性描述中国五岳的书籍。

（二）中国传统山水对西方哲学、美学的影响

中国的山水智慧也对西方的哲学、美学产生过影响，比如以海德格尔为代表的现代西方存在主义哲学思潮的诞生以及西方传统审美模式的转变。

从西方哲学思想，古希腊米利都学派自然哲学的兴起到苏格拉底、柏拉图的理性精神，从亚里士多德的模仿说再到达·芬奇的镜子说，都建立在理性主义、尊重客观真实的基础上。而海德格尔认为传统西方哲学都是遗忘"在"的无根哲学。他所

---

① 本文所述西方学者，是以近现代欧、美地区学术背景为基础，并以西文写作的学者。
② 原文：Tai Shan, the East Peak, corresponds to Wood and Green. Nan Yo, the South Peak, corresponds to Fire and Red. Sung Shan, the Centre Peak, corresponds to Earth and Yellow. Hua Shan, the West Peak, corresponds to Metal and White. Heng Shan, the North Peak, corresponds to Water and Black.

提出的存在主义哲学十分强调"无""有"等意识，这与中国传统哲学存在一种隐蔽的亲缘关系。正如中国自然山水文化中将自然形象化的意义指向一种自然中的"存在"，而非"看见"。这种"存在"呼应了海德格尔存在主义哲学中的"有（存在）"。

与此同时，中国传统山水衍生的山水美学理论，强调山水画的重点不是从自然中抽象出来的东西，而是能够直接体验到的自然本身。山水画的元素展现了自然环境最重要和关键的特征，通过观察这些特征，并在现世所处的世界中寻找它们，从而极大地拓展人们对自然环境的审美范畴。从这个意义来说，基于文化多样性，理解和把握中国传统山水美学价值对于构建世界美学工程有积极意义，同时也有助于促进中国传统美学思想向现代转化。

三、当代风景名胜区的实践智慧

风景名胜区是我国传统山水的集中代表。习近平总书记在党的十九大报告中指出，加快生态文明体制改革，建设美丽中国。积极践行"绿水青山就是金山银山"的理念，坚持节约资源和保护环境成为基本国策。由中共中央办公厅、国务院办公厅印发的《关于建立以国家公园为主体的自然保护地体系的指导意见》中，明确将风景名胜区作为我国自然保护地的重要组成部分。作为生态文明的代表和生态文明建设的重要对象，风景名胜区近 40 年的保护与发展为我们提供了如何处理人与自然关系、保护与发展矛盾的丰富的实践智慧。在全球气候环境变化日渐严峻的今天，探讨风景名胜区的中国智慧具有特别的现实意义。

（一）生态文明的代表

风景名胜区的设立，不仅有效保护了丹霞地貌、喀斯特地貌、花岗岩地貌、火山地貌、雪山冰川及江河湖泊等最珍贵的地质遗迹、最典型的地貌类型和最美的自然景观，也为我国及世界生物多样性、世界遗产保护与管理，以及环境改善作出了积极贡献，成为推进生态文明建设的杰出代表。

通过风景名胜区边界的划定，各级规划的编制与管理措施的落实实施，维护好地带性的植被生态群落与环境，保障了区域内野生生物能在自然环境中交流更替，繁衍发展，避免外来物种干扰与侵害，限制人类活动，保障了风景名胜区范围内的生物多样性和生态系统服务。目前，我国大多数国家级风景名胜区被列入《中国生物多样性保护战略与行动计划（2011—2030 年)》中的生物多样性保护优先区域；武夷山、黄龙、九寨沟、西双版纳等 7 个国家级风景名胜区被联合国教科文组织列入"世界生物圈保护区"。

由于风景名胜区源于长久以来人与自然的和谐互动，它所具有的"人与自然相互作用的多样性"特征为世界遗产事业，尤其是文化景观类型的遗产保护与管理作出了中国贡献。截至 2021 年，在我国已登录的 56 项世界遗产中，4 项文化与自然双重遗产全部位于风景名胜区内；14 项自然遗产中的 11 项坐落在风景名胜区中；33 项文化遗产中的 11 项与风景名胜区有关；5 项文化景观遗产中有 4 项在风景名胜区内。风景名胜区正是这样源于自然山川，彰显华夏文化，涵盖世界遗产地和最美国土空间的代表性区域，才能成为美丽中国的典范。

（二）美丽中国的典范

自魏晋南北朝以来，我国的山水审美逐渐形成并发展完善，成为中华文化的重要组成部分。自然山川作为风景名胜区主体，一直是展示美丽中国，反映国家价值观和提升国家意识的重要场所。我国的风景名胜资源不但面积广、范围大，同时类型丰富，包括历史圣地类、山岳类、江河类、城市风景类等共 14 个类型，基本涵盖了华夏大地典型独特的自然景观和地形地貌，彰显了美丽中国和中华民族悠久厚重的历史文化。

作为五岳之首的泰山，一直以"古代中国文明和信仰的象征"③示人，"泰山被认为是中国最美丽的风景名胜之一，是东亚文化的重要发源地"④。在 2021 年的第 44 届世界遗产大会上，长城被世界遗产委员会评为保护管理示范案例，也是唯一一项文化遗产项目。长城保护管理实践为各国开展巨型线性文化遗产和系列遗产保护贡献了卓有成效的"中国经验"和"中国智慧"，为世界文化遗产保护跨国合作提供了宝贵经验。习近平总书记曾高度重视长城保护，强调"长城是中华民族的精神象征"。以泰山、长城为代表的风景名胜区在国家价值观、

③ 原文：The sacred Mount Tai（"shan"means"mountain"）… It has always … symbolizes ancient Chinese civilizations and beliefs.

④ 原文：Mount Taishan is considered one of the most beautiful scenic spots in China and was an important cradle of oriental East Asian culture since the earliest times.

道德观强化、国家历史认知和国家精神宣扬等方面成为展示国家形象和提升国家意识的最好舞台。

（三）文化传承的载体

风景名胜区作为物质、文化相融合的空间载体，在经历了自然崇拜、山水审美、君子比德以及近现代科学认知阶段后，其蕴含的文化内涵不断丰富、扩展。因而保存了大量文化遗产，既包括各类遗址遗迹、摩崖石刻、历史建筑等物质形式，也包括宗教礼仪、风俗民情、神话传说、传统工艺等非物质载体的方式。据统计，目前我国风景名胜区范围内分布着 401 个全国重点文物保护单位和 490 个省级文物保护单位，还有非物质文化遗产 196 项。这些文化遗产体现出千百年来不同的人类活动、人类要素在自然山水环境中不断积累、沉淀，成为物质形态文化、社会形态文化和意识形态文化综合而成的山岳文化，以及汉文化大系统中的一个子系统。另外，这些文化遗产、人文景观通常与风景名胜区自身的空间布局、审美情趣相互渗透，文化遗产与自然环境相得益彰，呈现出相互衬托、互为补充的整体性特征。整体保护传统文化所处的自然与人文环境，使传统文化成为活的可传承的文化，这不仅是对中华民族文化传承的重要贡献，也是对全球文明传承的重要贡献。

（四）交流互鉴的纽带

中国传统山水蕴含的哲学思想、营造理念、人地关系早在封建时期就深深影响了周边国家和地区，如"五岳"对韩国的昌德宫殿群和庆州历史地区 2 个文化遗产项目的影响。近现代之后，沙畹、卫礼贤、盖洛等欧美学者均在其著作中深入描述了中国山水与山水崇拜之间的联系，这对当时西方世界了解中国以及如何看待人与自然的关系产生了极大的影响。改革开放以来，风景名胜区既作为展示中国形象和中国文化的窗口，更是对外交流的主阵地。风景名胜区既向世界展示了我国瑰丽壮阔的自然资源以及灿烂悠久的民族文化，也向世界展示了我国政府推进生态文明建设的决心。尤其是我国自 1985 年加入《保护世界文化和自然遗产公约》以来，各类涉及遗产申报、定期评估、人员培训等方面的国际合作与交流不断深入，增进了彼此互信。

正如习近平总书记在和平共处五项原则发表 60 周年纪念大会上所谈到的"各美其美，美人之美，美美与共，天下大同"⑤。文明需要交流互鉴。风景名胜区作为我国最具特色的自然保护地类型，传承千年，内涵深厚，蕴藏着丰富的中国传统文化智慧，是中国对人类文明的贡献。在东西方文化不断交融与碰撞的今天，多元文化交流互鉴是大势所趋，展示中国特色资源保护与管理的经验与智慧，是风景名胜区应该承担的历史使命。

四、结语

习近平总书记提出：人与自然是生命共同体，人类必须尊重自然、顺应自然、保护自然。中国传统山水蕴含了极其丰富的哲学思想和智慧，风景名胜区作为我国生态文明建设的重要组成部分，也是人与自然互动发展最为敏感的地区。在建设生态文明，维护全球气候、生态安全格局的前提下，未来传统山水和风景名胜区的发展要继续突出其自然和文化高度融合的特点以及它特有的生态伦理和文化智慧，秉承"人与自然和谐共生"的原则，尊重山水自然规律，妥善处理保护与发展的关系，特别是在风景名胜区规划与管理中，要充分认识资源类型，开展风景资源的全面评估，在严格保护风景资源的基础上，合理划分功能分区，协调处理自然与文化的关系以及多方利益诉求，探索人与自然的可持续发展之路。充分展现制度自信、文化自信，传承、传播中国智慧。

---

⑤ 原文出自著名社会学家费孝通先生在 1990 年 12 月的"人的研究在中国——个人的经历"主题演讲，被称作处理不同文化关系的十六字"箴言"。2014 年 6 月 28 日，习近平主席在和平共处五项原则发表 60 周年纪念大会上引用了这句话。

浙江省自然保护地体系发展"十四五"规划

浙江省城乡规划设计研究院／李　鑫　宋松松

提要：规划通过实现自然保护地"一张图"、制定发展目标"一组数"、谋划总体布局"一盘棋"、填补保护空缺"一张网"、制定重点任务"一清单"、建立保障机制"一体系"，从省域体系统筹的角度，编制了浙江省自然保护地第一个五年发展规划。

一、项目概况

图 1　浙江省自然保护地现状分布图

浙江，"七山一水两分田"，文华汇聚，资源

丰富，多样的地质水文条件孕育了森林、湿地、海洋等典型生态系统，分布有丰富的自然遗迹、风景资源和野生动植物资源。截至 2019 年 6 月，全省省级以上自然保护地 302 处，其中国家公园试点 1 处、自然保护区 26 处、风景名胜区 59 处、森林公园 128 处、湿地公园 61 处、地质公园 14 处、海洋特别保护区（海洋公园）14 处。总面积约 1.65 万 km² （包含交叉重叠面积），扣除交叉重叠后总面积约 1.4 万 km²，占全省陆域的 9.6%、海域的 8.7%（表 1）。

浙江省自然保护地在空间分布较为分散（图 1），相对我国中西部地区，全省自然保护地总面积较小，但其中风景名胜区占比较大、与城乡关系更为密切。整个自然保护地在浙江省保护生物多样性、维护生态安全、保存自然遗产、改善人居环境和促进旅游发展等方面发挥了重要作用。

随着机构改革，各类自然保护地归口林草部门管理，明确划分了国家公园、自然保护区和自然公园三大类型体系。中共中央办公厅、国务院办公厅和浙江省委、省政府办公厅相继发布了关于建立自然保护地体系的指导意见和实施意见，明确要求到 2020 年提出国家公园及各类自然保护地体系总体布局和发展规划，因此，浙江省人民政府将自然保护地体系发展"十四五"规划纳入了省级"十四五"专项规划编制目录。与其他的省级"十四五"相比，自然保护地"十四五"是在统一管理下，第一次从体系统筹的角度编制的第一个五年规划，也是浙江省走在全国前列的创新之举。

浙江省各类自然保护地基本情况一览　　　　表 1

类型	国家级（个）	省级（个）	合计（个）	面积（km²）（含交叉重叠）	占全省各类自然保护地总面积比例（%）
总计	100	202	302	16465.64	100.00
自然保护区	11	15	26	1853.62	11.26
风景名胜区	22	37	59	6006.24	36.48
森林公园	42	86	128	3634.36	22.07
湿地公园	12	49	61	594.06	3.61
地质公园	6	8	14	936.30	5.69
海洋特别保护区（海洋公园）	7	7	14	3441.06	20.89

注：钱江源国家公园试点不计入上表。

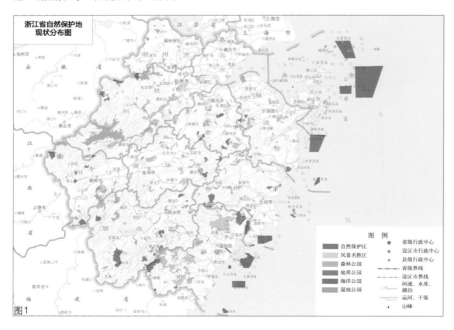

图1

二、规划构思

自然保护地"十四五"是解决自然保护地历史遗留问题、实现由数量规模型向质量效益型转变、承前启后的关键时期。在过去取得成绩的同时，浙江省自然保护地发展仍存在六大问题：体制机制待理顺——302个省级以上自然保护地中独立管理机构覆盖率仅42%，285个划归林业部门管理，17个未划归林业部门管理；128个有独立管理机构，174个无独立管理机构。空间布局待优化——302个省级以上自然保护地中，148个涉及交叉重叠问题，"叠罗汉"现象突出（图2）；且存在保护空缺区域及保护地碎片化现象。规划质量待提高——部分自然保护地存在规划编制及修编工作滞后、编制不规范等问题，保护地建设发展进度较慢。矛盾冲突待解决——全省自然保护地内涉及城镇建成区、永久基本农田、集体人工商品林、矿业权等矛盾冲突区域约29万 hm²。保障体系待完善——国家和省级层面的自然保护地政策体系和资金保障体系未完善，管理、科研等人才队伍建设亟待加强。保护意识待提高——部分地方对保护和利用的关系认识不够充分，各类开发建设活动对自然保护地产生负面影响，科普教育和宣传引导工作待加强。

针对以上问题，规划提出以下构思：树立五个原则——生态优先，严保资源；优化布局，提升质量；完善保障，加强监督；社区发展，全民共享；深化科研，强化科普。紧盯两个目标——近期到2025年，完成自然保护地整合优化、勘界定标，做好自然保护地的自然资源统一确权登记工作；远期到2035年，自然保护地管理效能、质量和生态产品供给能力达到国内先进水平。谋划一个布局——从全省空间结构、分区建设、分级建设、分类建设四个方面，明确浙江省自然保护地发展思路，并保留和培育具有浙江特色的风景名胜区体系。梳理五大任务——完善治理体系、提高治理能力、夯实资源保护、推进民生共享、弘扬生态文化。建立四大保障——体制机制保障、法律法规保障、资金政策保障、监督考核保障。

三、技术亮点

（一）实现自然保护地"一张图"

规划对浙江省302个省级以上自然保护地进行了面积、边界、性质、管理机构等摸底调查和评价评估，形成现状矢量化数据库（图3），并提出了浙江省自然保护地分类体系构建与整合优化建议，形成发展规划示意图（图4）。在全省自然保

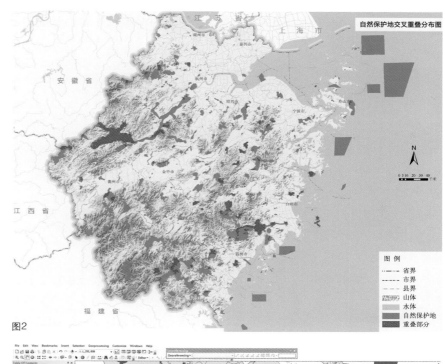

图2

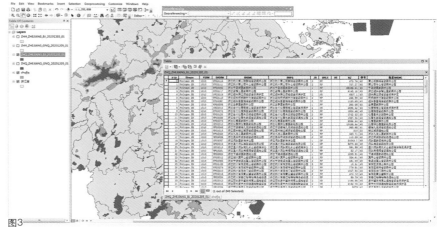

图3

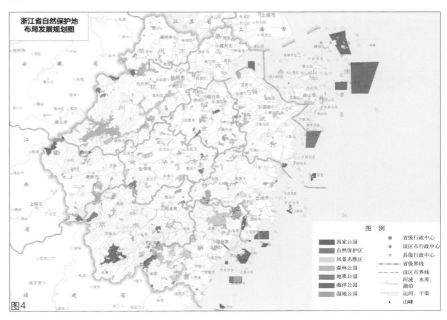

图4

图2　浙江省自然保护地交叉重叠分布图
图3　浙江省自然保护地现状矢量化数据库图
图4　浙江省自然保护地布局发展规划图

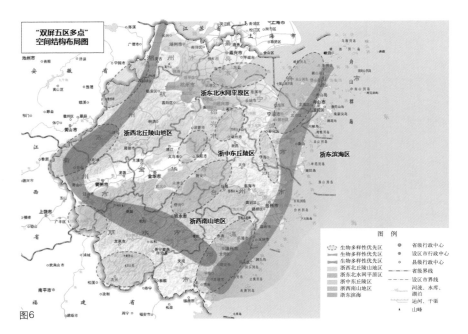

6 大地貌分区　　　　　　8 大水系分区　　　　　　5 大植被片区

图5

图6

浙江省自然保护地体系发展"十四五"规划指标体系　　　表2

序号	指标层	单位	基期值	目标值	指标类型
1	自然保护地面积陆域占比	%	9.6	9.8	约束性
2	自然保护地面积海域占比	%	8.7	9.0	约束性
3	自然保护地管理机构覆盖率	%	42	80	预期性
4	国家重点保护野生动植物物种种数保护率	%	90	≥ 95	预期性
5	省级以上自然保护区、森林公园、湿地公园、地质公园、海洋公园的勘界定标完成率	%	—	100	预期性
6	自然保护地内年访客数量	亿人次	—	2.0	预期性
7	自然保护地融合发展示范村（镇）命名数量	个	0	≥ 100	预期性
8	科普教育场所普及率	%	50	80	预期性

注：面积数据包含国家公园，省级以上自然保护区和自然公园（风景名胜区、森林公园、湿地公园、地质公园、海洋公园），不含各类自然保护地交叉重叠区域。

图5　浙江省地貌、水系、植被
　　　区划图
图6　浙江省自然保护地总体布
　　　局结构图

护地空间布局、数量面积、范围边界等方面进一步
强化了浙江省风景名胜区作为自然保护地体系中的
"特色"定位和"重要"地位。

（二）制定发展目标"一组数"

近期到 2025 年，浙江省自然保护地占陆域国
土面积 9.8% 以上、管辖海域面积 9.0% 以上，针
对健全管理机构、加强野生动植物保护、解决保护
地边界交叉重叠问题、促进景镇融合发展、提供生
态体验机会和科普教育水平等提出量化指标，形成
规划指标体系（表2）。远期到 2035 年，达到两个
10% 的自然保护地面积占比指标和长三角地区的
生态价值高地、世界知名的生态旅游目的地、全民
共享的生态体验福地的愿景目标。

（三）谋划总体布局"一盘棋"

综合分析地貌、水系、植被区划（图5），叠加
生物多样性保护优先区分布情况，衔接长三角一体
化和全省大花园建设等发展格局，提出构建"双屏
五区多点"的空间结构（图6），明确未来自然保护
地发展重点方向。"双屏"即浙西山地生态屏障和浙
东沿海生态屏障；"五区"即浙东北水网平原区、浙
西北丘陵山地区、浙南山地区、浙中东丘陵区和浙
东滨海区；"多点"即 11 个生物多样性保护关键点。

（四）填补保护空缺"一张网"

结合生态价值评估结果开展生物多样性保护空
缺分析，针对一些应保未保，或者保护强度还不够
的区域，提出新建 2 个自然保护区、14 个自然公
园；重点提升 3 处自然保护地（图7）；探索谋划
浙东海洋国家公园建设方案；加强对典型湿地、海
岛、森林生态系统和自然遗迹的保护，进一步提升
独特且具有国家代表性的文化资源价值，最终形成
新的发展布局，自然保护地陆域、海域占比分别提
升至 9.8% 和 9.0%。

（五）制定重点任务"一清单"

规划明确完善治理体系、提高治理能力、夯实资源保护、推进民生共享、弘扬生态文化五大主要任务，建立整合优化勘界、基础设施优化、国家公园提升、科研监测提升、生态保护修复、名山公园发展、乡村融合振兴、科普教育强化八大重点工程项目清单和量化目标（表3），确保规划实施落地性。

（六）建立保障机制"一体系"

建立林长制、提高管理机构覆盖率，完善体制机制，探索自然保护地跨区域联合保护、自然资源有偿使用、特许经营、评估监管、行政综合执法等管理体系建设。建立"法＋条例＋办法"的法律法规体系，依托国家立法，结合《浙江省自然保护区条例》《浙江省风景名胜区条例》《浙江省公益林和森林公园条例》修订，配套地方性法规。建立"专项资金＋生态补偿＋奖补机制"的资金保障体系，加大基础设施、生态补偿、奖补机制、重点项目、灾害修复等的资金投入。建立"第三方评估＋执法权＋绿盾行动"的监督考核体系，将自然保护地工作作为党政领导班子和领导干部综合评价及责任追究、离任审计的重要参考。

四、结语

我国自然保护地体系正在经历一场历史性变革，自然保护地的发展面临前所未有的机遇。习近平

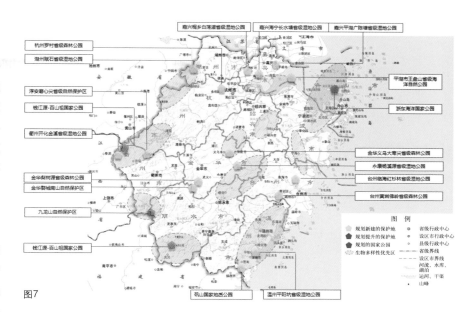

图7

总书记赴浙江考察时，提出了浙江"努力成为新时代全面展示中国特色社会主义制度优越性的重要窗口"的新定位，并强调"生态文明建设要先行示范"，赋予了浙江省自然保护地体系建设新使命。《浙江省自然保护地体系发展"十四五"规划》为今后科学构建自然保护地体系、建立高效管理体制、建设创新发展机制和建立监督考核体系等奠定了基础。

项目组成员名单
项目负责人：李　鑫　宋松松
项目参加人　赵　鹏　邱　明　李　阳　郭青青
　　　　　　汪　瑾　施梦颖　庞海峰

图 7　浙江省"十四五"期间规划新建自然保护地分布图

浙江省"十四五"期间重点工程清单缩略表　　　　　　表3

主要任务	重点工程	重点工程	量化目标
完善治理体系	整合优化勘界工程	深化自然保护地整合优化，推进自然保护地勘界定标，推进自然保护地勘界立标	国家公园和自然保护区、森林公园、湿地公园、地质公园、海洋公园的勘界定标完成率100%；减少矛盾冲突区域10万hm²
提高治理能力	基础设施优化工程	管护基础设施建设，防灾减灾设施建设，旅游服务设施建设，历史遗存改建复建，美丽乡村及配套设施建设	新建管护点40处、哨卡20处；推进20个自然保护地实施景区提升工程
提高治理能力	国家公园提升工程	加快推进钱江源-百山祖国家公园建设，组织实施国家公园总体规划，建立国家公园社区共管机制，探索浙东海洋国家公园方案	实施主要保护对象的生境（栖息地）保护修复2万亩；初步划定这栋海洋国家公园范围线
提高治理能力	科研监测提升工程	推进万亩样地工程，建设天空地一体化检测监管体系，推进网格化红外相机监测	推进2000余处生物多样性长期监测样地建设，各类自然保护地内样地面积达1万亩
夯实资源保护	生态保护修复工程	推进生态系统修复，推进环境综合治理，开展野生动植物保护修复，推进森林质量提升，推进病虫害防治	实施20处受损生态系统及动植物生境修复工程；实施10万亩森林抚育和林相改造工程；清理枯死松树6.5万t，注射免疫剂130万瓶
推进民生共享	名山公园发展工程	实施十大名山公园提升行动，扩大名山公园数量，促进名山公园融合发展	打造10条高质量风景大道；推进20个镇村融合发展；打造10个名山公园特色小镇
推进民生共享	乡村融合振兴工程	实施国家公园社区发展工程，推进自然保护地融合发展示范村（镇）建设，实施生态产业发展工程	设置7~10个入口社区；推进106个自然保护地融合发展示范镇（村）创建
弘扬生态文化	科普教育强化工程	科普教育阵地建设，标识系统建设和出版科普读物，自然教育体验项目发展	完成接待服务、公共管理、科普宣教等设施200处以上；出版一批科普读物

贵州梵净山世界遗产分区管控规划研究

国家林业和草原局林产工业规划设计院／王旖静　姜　哲　张　邈

风景一词出现在晋代（公元265～420年），风景名胜源于古代的名山大川和邑郊游憩地及社会选景活动。历经千秋传承，形成中华文明典范。当代我国的风景名胜区体系已占有国土面积的2.02%（19.37万km²），大都是最美的国家遗产。

提要： 采用"管控分区—功能分区"的二阶结构，将梵净山划分为"两区域六分区"，并在此基础上制定人类行为控制准则和允许活动方式，实现梵净山世界自然遗产的原真性保护和依法有序管控，以及区域可持续发展目标。

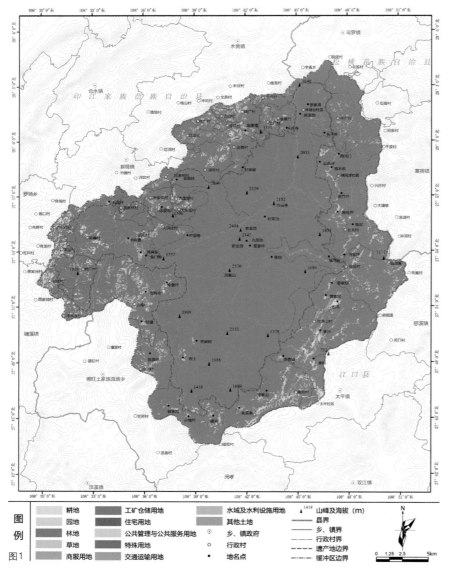

图例				
	耕地	工矿仓储用地	水域及水利设施用地	1418 山峰及海拔（m）
	园地	住宅用地	其他土地	—— 县界
	林地	公共管理与公共服务用地	◎ 乡、镇政府	—— 乡、镇界
	草地	特殊用地	○ 行政村	---- 行政村界
图1	商服用地	交通运输用地	● 地名点	---- 遗产地边界
				---- 缓冲区边界

0　1.25　2.5　　　　5km

图1　土地利用现状图

梵净山是横亘于贵州、重庆、湖南、湖北四省（区）的武陵山脉主峰，是乌江与沅江的分水岭。梵净山位于贵州省东北部铜仁市的江口、印江、松桃三县交界处，1986年7月成为首批国家级自然保护区之一，以黔金丝猴、珙桐等珍稀动植物和中亚热带森林生态系统为主要保护对象；1986年10月成为联合国教科文组织世界生物圈保护区网络成员；2018年7月被列入《世界遗产名录》，成为我国第53处世界遗产、第13处世界自然遗产。2018年11月贵州省调整梵净山世界自然遗产和国家级自然保护区管理体制，将涉及省级有关部门的部分管理权限下放铜仁市人民政府。2019年1月梵净山开始施行《铜仁市梵净山保护条例》，明确梵净山世界自然遗产保护管理局、梵净山国家级自然保护区管理局具体负责梵净山保护、利用的统一管理工作。至此，梵净山世界自然遗产拥有了明确的管理边界、统一的管理机构和详细的保护条例，其遗产保护、保存和展示得到了最根本的基础保障（图1、图2）。

一、分区管控现状及问题

长期以来，梵净山实行分区保护管理。1986年，由贵州梵净山国家级自然保护区作为主体进行管理，划分为核心区、缓冲区、实验区进行管控；2018年，梵净山被列入世界遗产后，由梵净山世界自然遗产保护管理局划分为遗产地和缓冲区两部分进行管控；2019年，施行《铜仁市梵净山保护条例》后，梵净山世界自然遗产范围整合了梵净山国家级自然保护区、印江洋溪省级自然保护

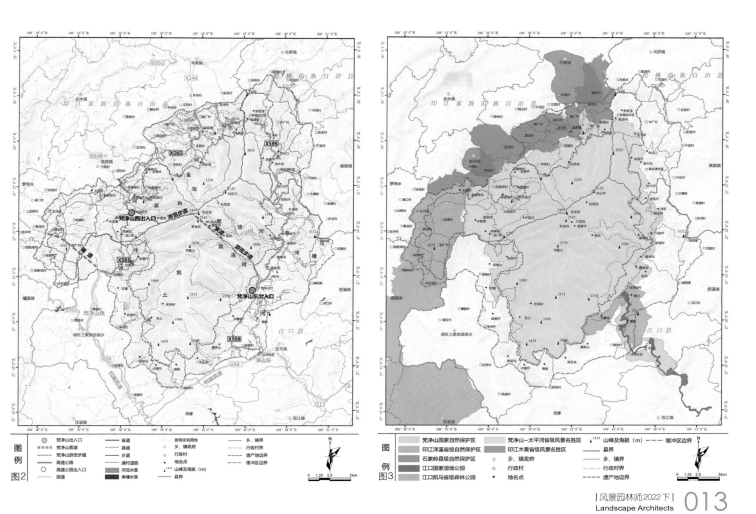

区、梵净山—太平河省级风景名胜区等8处自然保护地,划分为一级保护区、二级保护区、三级保护区进行管控(图3)。

但是,由于以上各类分区管控的出发点不同、管控要求不同,且涉及的自然保护地正在进行范围和功能区优化调整,对梵净山现阶段的保护管理造成诸多问题。特别是缓冲区与二级、三级保护区范围交叠,管控要求模糊,给梵净山的保护与发展造成困扰。因此,为解决梵净山现实的保护管理问题,需要进一步制定科学合理、管控明确、便于操作的分区管控规划。

(一)现有分区分析

1.梵净山世界自然遗产分区

梵净山世界自然遗产保护范围按照《梵净山保护管理规划》被划分为遗产地和缓冲区两部分。遗产地面积40275hm²,分为遗产保护区、遗产展示区和社区保护区。遗产地外围包围着一个宽度1~2km的缓冲区,面积37239hm²(表1、图4)。

2.《铜仁市梵净山保护条例》分区

《铜仁市梵净山保护条例》第四条规定,梵净山实行分区保护管理,划分为一级保护区、二级保

护区、三级保护区。一级保护区是指梵净山国家级自然保护区的核心区和缓冲区、印江洋溪省级自然保护区茶元片区的核心区和缓冲区。二级保护区是指梵净山国家级自然保护区的实验区、印江洋溪省级自然保护区茶元片区的实验、梵净山—太平河省级风景名胜区凯文村至太平社区沿河一带、印江木黄省级风景名胜区金星村片区。三级保护区是指除一、二级保护区以外的区域(表2、图5)。

(二)存在问题

1.分区出发点不同

梵净山世界自然遗产分区是按照《世界遗产公约操作指南(2015)》关于完整性和保护管理方面的要求划定的,出发点是遗产价值保护。其遗产地范围包含一切能体现遗产突出普遍价值的重要元素,缓冲区范围足以保证体现遗产地突出普遍价值的完整性。

《铜仁市梵净山保护条例》分区是按照我国已有的自然保护地分区划定的,出发点是按照国家有关法律法规、行业规范进行保护管理。其一级保护区指自然保护区的核心区和缓冲区,二级保护区指自然保护区的实验区和风景名胜区,三级保护区指除一、二级保护区以外的区域。

图2 基本情况现状图
图3 自然保护地分布现状图

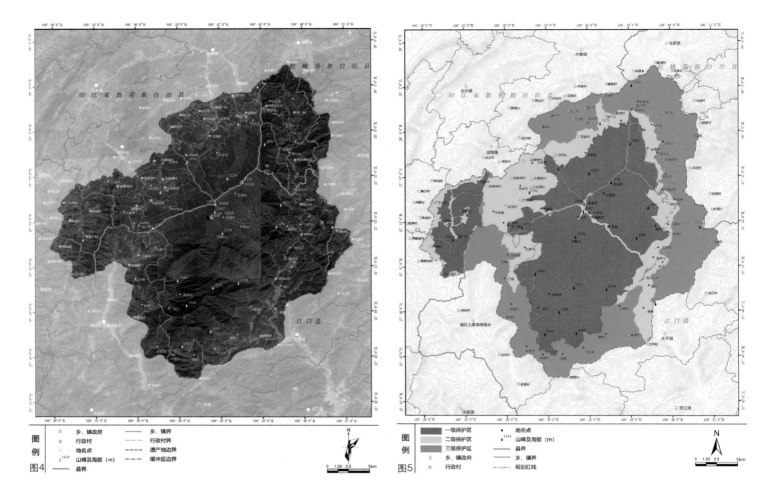

图4　梵净山世界自然遗产分区图
图5　《铜仁市梵净山保护条例》分区图

梵净山世界自然遗产分区表　　　　　　　　　表1

序号	分区类别		面积（hm²）	占比（%）
1	遗产地	遗产保护区	39064	50.40
		遗产展示区	768	0.99
		社区保护区	443	0.57
		小计	40275	51.96
2	缓冲区		37239	48.04
	合计		77514	100.00

《铜仁市梵净山保护条例》分区表　　　　　　表2

序号	分区类别	涉及现有自然保护地名称	面积（hm²）	占比（%）
1	一级保护区	梵净山国家级自然保护区、印江洋溪省级自然保护区	34907	45.03
2	二级保护区	梵净山国家级自然保护区、印江洋溪省级自然保护区、梵净山－太平河省级风景名胜区、江口国家湿地公园	15887	20.50
3	三级保护区	印江木黄省级风景名胜区、石家岭县级自然保护区、江口凯马森林公园	26720	34.47
	合计		77514	100.00

2. 分区管控要求不同

梵净山世界自然遗产分区与《铜仁市梵净山保护条例》分区的基本管控要求是基本一致的，但在个别地块上存在差异。比如，北部松桃县乌罗镇边江村（半坡台社区）的部分土地，在遗产分区里属遗产保护区，该区内分布有珍稀动植物和多种类型的自然植被带，是野生黔金丝猴的活动区域，管控要求为"仅允许设置必要的监测设施和安全设施，禁止一切不相关人员进入"。但在《铜仁市梵净山保护条例》分区里，边江村（半坡台社区）属三级保护区，该区是无自然保护地属性的区域，管控要求为"可以开展科学实验、教学实习、旅游活动、科学考察、野生动物驯养，同时可合理布局部分旅游服务设施"。这种矛盾对梵净山珍稀动植物的保护管理存在威胁。

3. 自然保护地动态调整中

根据《关于建立以国家公园为主体的自然保护地体系的指导意见》《关于做好自然保护区范围及功能分区优化调整前期有关工作的函》（自然资函〔2020〕71号）等文件要求，我国的自然保护地整合优化工作从2020年开始，将会持续到2025年完成。在此期间，现有分区不足以支撑梵净山世界遗产的保护管理。

二、梵净山分区管控规划

（一）规划思路

我国自然保护地的分区管控规划，首先要从以人类行为控制为标准进行"管控分区"出发，即分为保护区域和控制区域，但仅以人类行为控制划分不能满足自然保护地精细化管理需求。因此，在"管控分区"中再根据自然资源承载的功能进行分类管理，采用"管控分区—功能分区"的二阶结构，进行自然保护地分区管控规划。

1. "管控分区"划分

根据自然保护地重点保护的濒危动植物、代表性物种、生态系统、生物演化环境、水文系统和自然景观情况，在确保自然保护地自然特性和完整性的基础上，将自然保护地划分为保护区域和控制区域。

2. "功能分区"划分

在管控分区的基础上，根据人类活动的允许方式再划分，主要平衡自然保护地资源价值和管理利用的复杂性，划分过程中重点考虑三个因素：

一是自然资源的社会影响力，即对公众吸引力最强和社会影响力最集中的点。例如梵净山高山区独特的美学景观价值，是最具观赏价值和游客最向往的区域。发展旅游业是满足公众游憩和环境教育需求的重要手段。协调旅游发展和资源保护的关系，精细划分功能分区，明确旅游活动的区域、管控旅游活动的强度以及控制旅游设施的建设，是分区管控的重要内容。

二是自然保护地的土地权属，划分中要注意土地有效性，即自然保护地土地与其他自然资源的所有权、经营权状况，以及自然保护地管理机构行使管理权的有效性、合法性和可行性。我国

自然保护地管理证明，土地权属及其管理是资源保护和利用的关键因素，应尊重社区土地权属及其管理现状，力求土地利用范围、方式和强度遵循实现保护目标的要求。

三是分区管控的实操性，划分中考虑功能分区的空间识别性和社区协调性，积极解决社区居民分布、生产经营与实现保护目标之间的矛盾。建立与社区居民生活改善、经济发展、社会进步息息相关的管控目标体系和管理制度，实现生态环境保护与区域可持续发展的结合。

（二）分区管控规划

采用上述"管控分区—功能分区"的分区管控规划方法。

第一，将梵净山世界自然遗产划分为保护区域和控制区域，该划分与《梵净山保护管理规划》中划定的遗产地、缓冲区范围一致。保护区域是一个连片的整体，包含梵净山变质岩穹隆状山体的所有区域，完整涵盖了梵净山这个岛状生境及其生态系统形成与演化过程的所有要素；控制区域是一个宽度1~2km的圆环，包围着保护区域，它加强了对核心区的保护，增强了关键物种栖息地的连通性和恢复力并提升了景观美学的空间意义。

第二，将保护区域分为遗产保护区、遗产展示区、社区保护区3个功能分区，遗产保护区是最严格的保护区域，原则上禁止人为活动；遗产展示区仅允许限制类的遗产展示活动；社区保护区仅允许不扩大的原住民最基本的生产生活。

第三，将控制区域分为协同保护区、生态体验区、协调发展区3个功能分区，协同保护区是增强关键物种栖息地连通性和恢复性的重要区域，仅允许有限的人为活动；生态体验区允许限制类的旅游活动；协调发展区允许开展合理的生态实践活动，促进区域可持续发展（表3、图6）。

梵净山分区管控规划表　　　　表3

序号	分区类别		人类行为控制	人类允许活动方式	面积（hm²）	占比（%）
1	保护区域	遗产保护区	禁止人为活动	无	39064	50.40
		遗产展示区	限制人为活动	遗产展示	768	0.99
		社区保护区	限制人为活动	基本的生产生活	443	0.57
	小计				40275	51.96
2	控制区域	协同保护区	限制人为活动	基本的生产生活	16833	21.71
		生态体验区	限制人为活动	生态旅游	3225	4.16
		协调发展区	限制人为活动	生态实践	17181	22.17
	小计				37239	48.04
合计					77514	100.00

图6 梵净山分区管控规划图

梵净山保护区域功能分区管控表　　　　表4

分区类别		涉及自然保护地	管控制度	管控目标
保护区域	遗产保护区	梵净山国家级自然保护区、印江洋溪省级自然保护区	《中华人民共和国自然保护区条例》《铜仁市梵净山保护条例》	维护遗产的原真性和完整性
	遗产展示区		《梵净山保护管理规划》《贵州梵净山国家级自然保护区总体规划》《贵州梵净山国家级自然保护区生态旅游总体规划》	旅游干扰持续降低，环境教育受众占旅游人数80%以上
	社区保护区		《贵州印江洋溪省级自然保护区总体规划》《国家级自然保护区修筑设施审批管理暂行办法》	社区威胁持续减少，保护意识不断增加

（三）分区管控要求

1. 保护区域

（1）遗产保护区管控

人类行为控制方面，除满足国家特殊战略需要的有关活动外，原则上禁止人为活动。但允许开展管护巡护、保护执法等管理活动以及经批准的科学研究、资源调查和重要生态修复工程。

建设活动允许方面，属禁止建设区域，仅能设置必需的科研监测、观察及保护性工程设施，不得建设任何生产设施。

（2）遗产展示区管控

人类行为控制方面，仅允许限制类旅游活动开展，主要包括观光、摄影、摄像、朝拜、科普教育和小型商贸活动。

建设活动允许方面，属审批建设区域，严格按照《梵净山保护管理规划》《贵州梵净山国家级自然保护区总体规划》和《贵州梵净山国家级自然保护区生态旅游总体规划》实施设施建设管控。

（3）社区保护区管控

人类行为控制方面，对于暂时不能搬迁的原住民，设置过渡期。过渡期内在不扩大现有建设用地和耕地规模的情况下，允许修缮生产生活以及供水设施，保留生活必需的少量耕作、种植等活动。

建设活动允许方面，属审批建设区域，严格按照《梵净山保护管理规划》《贵州梵净山国家级自然保护区总体规划》和《贵州印江洋溪省级自然保护区总体规划》实施设施管控和人类活动控制。

2. 控制区域

（1）协同保护区管控

人类行为控制方面，除满足国家特殊战略需要的有关活动外，原则上禁止开发性、生产性建设活动。仅允许开展对生态功能不造成破坏的有限人为活动。

建设活动允许方面，属审批建设区域，禁止出让或者变相出让区内土地，禁止擅自改变土地使用性质。

（2）生态体验区管控

人类行为控制方面，仅允许限制类旅游活动开展，主要包括观光游览、休闲运动和科普教育等生态旅游活动，禁止开展《铜仁市梵净山保护条例》第二十六条、第二十七条规定的行为活动。

建设活动允许方面，属审批建设区域，基本维持原有土地利用方式与形态。旅游接待设施主要分布在当地居民比较集中的区域，其他区域建设旅

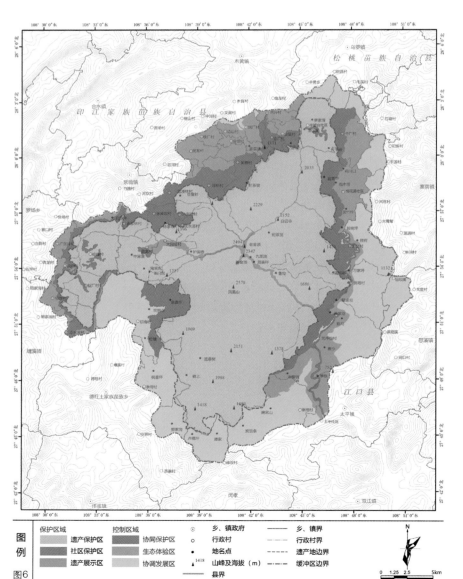

图例
保护区域：遗产保护区　社区保护区　遗产展示区
控制区域：协同保护区　生态体验区　协调发展区
⊙ 乡、镇政府　○ 行政村　· 地名点　▲1418 山峰及海拔（m）
—— 乡、镇界　--- 行政村界　---- 遗产地边界　---- 缓冲区边界　—— 县界

N
0　1.25　2.5　5km

图6

梵净山控制区域功能分区管控表
表5

分区类别		涉及自然保护地	管控制度	管控目标
控制区域	协同保护区	梵净山国家级自然保护区、印江洋溪省级自然保护区	《中华人民共和国自然保护区条例》《铜仁市梵净山保护条例》《在国家级自然保护区修筑设施审批管理暂行办法》《自然保护区工程项目建设标准（试行）》	增强关键物种栖息地的连通性和恢复力
	生态体验区	梵净山—太平河省级风景名胜区、印江洋溪省级自然保护区、印江木黄省级风景名胜区、石家岭县级自然保护区、江口凯马省级森林公园	《风景名胜区条例》《贵州省风景名胜区条例》《国家湿地公园管理办法》《国家森林公园管理办法》《铜仁市锦江流域保护条例》	旅游吸引力增强，产业发展良好
	协调发展区	—	《铜仁市梵净山保护条例》《铜仁市生态环境分区管控"三线一单"》	带动区域可持续发展

游接待设施有严格的限制；同时严格控制设施的体量，建设前审批、建设中监管、建设后核验，确保建筑物空间布局、体量、风格、色彩、材质与自然环境和谐。

（3）协调发展区管控

建设活动允许方面，属备案建设区域。按照《铜仁市生态环境分区管控"三线一单"》要求，以生态保护、实现绿色发展为前提，以推动高质量发展、创造高品质生活为导向，以实现资源有限合理利用、永续利用为目标，对符合项目准入要求的项目进行动态管理，不符合的限制或禁止。

三、结语

梵净山世界遗产"两区域六分区"的分区管控模式，明确了保护区域与控制区域的管控原则，细化了各功能分区的人类行为控制和允许活动方式，并依据现行法律法规制定了管控制度与管控目标，有效解决了梵净山现阶段分区管控中保护地块不明确、管理尺度不清晰、发展途径受限制等问题，将梵净山保护与区域居民的生活改善、经济发展、社会进步结合起来，切实做到世界遗产的原真性保护，实现梵净山区域的可持续发展。

在未来的管理和建设中，建议以人的行为控制标准划分的"管控分区—保护区域、控制区域"，原则上一经划定不再调整，但"功能分区"将随着保护管理的实施和保护地的发展进行动态调整。调整原则为保护区域的遗产保护区维持不变且禁止人为活动，遗产展示区严格控制游客数量和旅游干扰，社区保护区逐步减少社区人口数量；控制区域的协同保护区随着生态修复成效的显现，逐步提升保护等级；生态体验区积极容纳遗产展示区的游客量，发展多种生态旅游产业；协调发展区实践特色生态项目，促进梵净山区域可持续发展。

项目组成员名单
项目负责人：彭 蓉 马 兰
项目参与人：王婍静 张 邈 贾晓君 姜 哲

江西上饶灵山国家级风景名胜区总体规划 (2016~2030 年)

江西省城乡规划设计研究总院／朱　琼　易桂秀

提要： 该规划围绕风景资源特色，合理确定风景区发展定位，强化了生态空间管控，有效地解决了内外旅游交通组织的混乱局面，控制了区内居民点的无序建设，为灵山发展提供了切实可行的指导作用和建设管控依据。

灵山风景名胜区（以下简称风景区）位于上饶市中心城区西北 22km 处，总面积为 101.5km²。灵山地处三清山、龟峰、龙虎山和武夷山四个世界遗产地暨国家级风景区之间，是四山辐射的交织点。2009 年 12 月，灵山被国务院批准为第七批国家级风景区。

一、灵山风景资源特色

灵山具有世界罕见的环状花岗岩杂岩构造奇观，岩石规模巨大、节理少，从而形成整体性很强的绵延 20km 以上的花岗岩峰林地貌，形成了独特的风景资源。

灵山风景资源分为自然景源和人文景源 2 大类，5 中类，19 小类，总体上可以概括为以下五大特色：

巨龙盘山——世界罕见的环状花岗岩峰林地貌奇观（图 1）；

雄瀑幽谷——江南最高的花岗岩瀑布景观；

奇岩怪石——江南罕见的造型石地貌景观；

灵石梯田——中国最具特色的梯田之一；

道佛胜境——江南颇具影响的民间宗教名山。

二、现状问题分析

（1）灵山在被批准为国家级风景区之前，风景区周边存在花岗岩矿开采，对灵山周边生态环境所造成的破坏在短时间内难以恢复。

（2）目前，灵山内外旅游交通组织的混乱，不利于风景区发展。

（3）部分景区内农户无序建房问题严重，一定程度上破坏了自然生态、灵石梯田景观。

（4）风景区基础设施和旅游服务设施尚未配套，接待能力较差。

（5）灵山旅游业的发展相对来说比较晚，风景区的知名度和影响力有待进一步提高（图 2）。

三、规划对策与规划构思

（一）规划对策

（1）严格保护风景资源，维护生态环境。

（2）突出自身特色，科学营造景点，合理策划旅游项目。

（3）依托上饶中心城区及周边乡镇，提升旅游服务设施建设品位。

图 1 巨龙盘山

图1

（4）强化与上饶中心城区的交通联系，完善内部交通组织。

（5）统筹协调资源保护、经济与居民社会发展的关系。

（6）将农业、水利、林业等建设融入风景建设。

（二）规划构思

1. 总体布局构思

灵山风景区总体布局构思，可以概括为："三心一环四区""一城四镇五村三点"（图3）。

三心——左溪、石人、茗洋关三个游客服务中心。

一环——由上饶—湖村公路、湖村—杨桥公路、杨桥—南峰公路、南峰—石人公路、石人—清水公路五条景区公路构成的环形旅游公路。

四区——由石人殿、水晶山、天梯峰、茗洋湖四大景区构成的游览区域。

一城——上饶市是风景区的主要依托城市。

四镇——包括清水、石人、望仙、湖村四个旅游镇。

五村——包括左溪、平溪、杨桥、石人、高南峰五个旅游村。

三点——包括茗洋山庄、东角山、翠峰翁家三个旅游点。

2. 核心景区

核心景区是风景区内生态价值最高、生态环境最敏感、最需要严格保护的区域。规划将灵山山脊（龙脊）两侧各500~1000m范围、茗洋湖常水位岸线外延100~200m范围划为核心景区，总面积为30.5km²，占风景区总面积的30%。

3. 四大景区规划思路

根据灵山风景区的资源分布现状、资源特色、自然环境与地理条件，规划把风景区划分为四大景区，总面积为60.9km²。

（1）石人殿景区

包括石人殿、南峰塘、石人峰3个游赏单元，22个景点（其中现状景点20个，规划景点2个），面积为10.6km²。该景区规划思路为：

风景主题：民俗文化荟萃地。石人殿是民间崇拜的道教宫殿，以此为核心，结合庙会活动，发展为以民俗文化旅游为主要内容的景区。

主要内容：在石人村口建设集停车、导服、管理于一体的游客服务中心；加快石人峰石人公的修复工程（目前为民间捐资自发修建）；修建天堂茶园，打造陆羽茶的品牌；为了加强石人殿山上与山下的联系，同时连通石人殿景区与水晶山景区，形

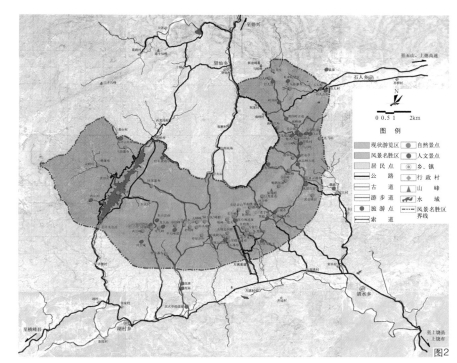

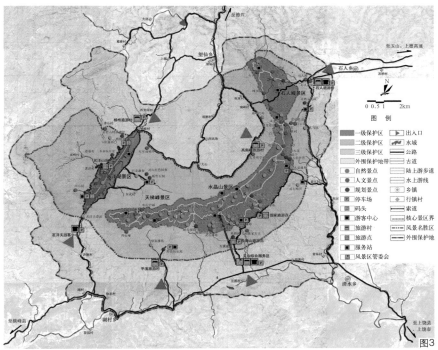

成快速便捷的游览序列。规划在岩底古道山下建设道教文化园，集中展示灵山源远流长的道教文化；完善石人源瀑布等主要景点的游览步道，整治和美化南峰塘景点。

可考虑延续石人古街格局，重点修复或改造3~5栋古民宅，同时对现有楼房进行全面改造，打造富有浓郁地方民俗的特色古街，突出展示古街风貌及特色民俗风情。

（2）水晶山景区

包括迷仙坛、水晶山、石屏峰、石城寺、夹

图2　综合现状图
图3　灵山风景区规划总图

层灵山、金鸡潭、太极岩 7 个游赏单元，35 个景点（其中现状景点 31 个，规划景点 4 个），面积 19.3km²。该景区规划思路为：

风景主题："巨龙盘山""五彩世界"。突出世界罕见的环状花岗岩地貌和江南罕见的倒石地貌景观。

主要内容：设置"龙脊"最佳观景点；将水晶山宾馆改造为旅游服务站，建设水晶亭，观水晶山南面灵石梯田景观；在水晶林场建"五彩世界"建筑组景，将水晶展示与购物、休闲融为一体；整治迷仙坛周边环境；修建水晶山至左溪游客中心的内部交通换乘专用车道，修建登山步道和栈道。利用石城寺的历史影响，在其西南侧规划建设灵山禅文化园，集中展示灵山历史悠久的佛教文化。

利用高南峰现有的祠堂改造成朱熹理学堂，供展示、研究朱熹理学之用。

（3）天梯峰景区

包括天梯峰、中台峰、西台峰 3 个游赏单元，20 个景点（其中现状景点 16 个，规划景点 4 个），面积 17.0km²。该景区规划思路为：

风景主题：丛林幽深探险谷。以户外拓展及青少年夏令营活动为主。

主要内容：在徐家瀑布和龙潭之间设置野营俱乐部，建设野营营地及相关辅助设施，沿主要景点修建登山步道及户外拓展专用栈道，设置观景亭若干。

在平溪峡谷中开辟一条通往风景区最高峰——天梯峰的险道，为勇于冒险的游客提供展示体能的机会；利用已关停的采石点凿成的花岗岩断壁，展示灵山诗、词、赋等历史文化。

（4）茗洋湖景区

包括茗洋湖、玉阶瀑布 2 个游赏单元，12 个景点（其中现状景点 9 个，规划景点 3 个），面积 14.0km²。该景区规划思路为：

风景主题：高峡平湖伊甸园。利用茗洋湖宽阔水面、河漫滩涂大面积的天然草地以及山谷平地营造面向大众的休闲度假娱乐胜地，沿湖岸西线观灵山倒影。

主要内容：在北岸靠近杨桥村、西岸靠近西山祠各设立一处码头，为各类水上运动项目提供条件，设置茗洋湖水上娱乐项目及训练基地；修建茗洋围场中的马场、射箭场；修建茗洋山庄、杨桥渔港。

四、规划特色

（一）为了准确把握风景区的资源特色和发展定位，现状调查深入细致，资源评价严谨科学，增加了"灵山地质地貌专题研究报告"，对同属花岗岩地貌的灵山、三清山的主要特征进行了地学对比

经多次深入细致的现场踏勘，规划对区内 76 处景点进行了严谨科学地评价（其中：特级景点 3 处，一级景点 20 处，二级景点 26 处，三级景点 17 处，四级景点 10 处），并结合灵山的区位优势，准确把握风景区的资源特色和发展定位：灵山风景区是以巨龙盘山、雄瀑幽谷、奇岩怪石、灵石梯田、道佛胜境为资源特色，以观光览胜、运动休闲、度假养生、科普教育等为主要功能的山岳型国家级风景区。

灵山与三清山虽同属花岗岩地貌，但两者花岗岩地貌发育阶段和山体构造不同：灵山处于青壮年初期～中期，环形山构造；三清山处于幼年晚期～青壮年初期，三角形断块山构造（图 4）。

（二）为了有效地保护风景资源和生态空间的完整性，规划采取了"区内游、区外住"的空间布局，提出了分级、分类保护措施和建设控制管理要求

为了有效地保护风景资源和生态空间的完整性，规划将旅游综合服务区、旅游村、游客服务中心等规模较大的旅游服务接待设施安排在风景区外围，采取"区内游、区外住"的空间布局。

同时，依据完整性、真实性和适宜性原则，规

图 4　灵山地貌图

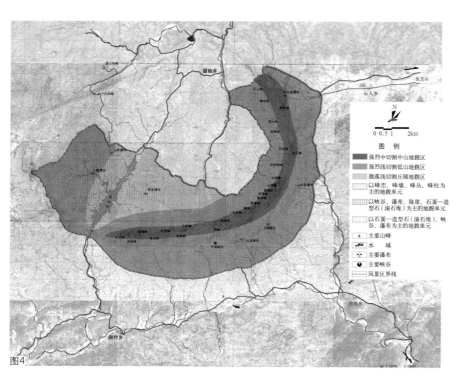

图4

图　例

■ 强烈中切割中山地貌区
■ 强烈浅切割低山地貌区
■ 微度浅切割丘陵地貌区
以峰奇、峰墙、峰丛、峰柱为主的地貌单元
以峡谷、瀑布、陡崖、石蛋－造型石（滚石堆）为主的地貌单元
以石蛋－造型石（滚石堆）、峡谷、瀑布为主的地貌单元
▲ 主要山峰
水　域
主要瀑布
主要峡谷
风景区界线

划采取分级和分类保护等措施，将特级景点、一级景点周边范围以及风景资源集中、现状基本无居民点的主区域，划为一级保护区（即禁止建设区）；将风景区内分布少量风景资源的次要游览区域和风景恢复区域，划为二级保护区（严格限制建设区）；将一、二级保护区以外的区域，风景区重要的设施建设区或环境背景区，划为三级保护区（控制建设区）。并且，确定了生态环境、野生动物、森林植被、自然水体、地质地貌、文物古建、遗址遗迹、古镇名村、宗教活动场所、非物质文化遗产等分类保护规定，确保风景区可持续发展（图5）。

为了强化生态空间管控，规划还确定了各级保护区的分区控制与管理要求，包括设施控制与管理、人类活动控制与管理两个方面的内容。

（三）根据四大景区不同的景源特征，风景游赏规划组织了内容丰富、形式多样、特色鲜明的游赏单元和游赏线路

风景游赏规划确定灵山的整体形象为"龙盘福地"，并根据四大景区不同的景源特征，分别确定了各景区独具特色的风景主题。并且，将整个风景区划分为15个游赏单元，选择对灵山资源保护及永续利用最有利的风景游赏方式，科学展示灵山的自然美景、道教文化、民俗文化、地质奇观等特色景观。

同时，规划根据各景区的景观特征组织了富有情趣的特色游线，向游客全方位展现灵山风光。如水晶山景区—雄峰览胜游览线路；天梯峰景区—奇岩探险游览线路；石人殿景区—道佛民俗游览线路；茗洋湖景区—休闲健身游览线路四条特色鲜明的游线（图6）。

（四）针对风景区旅游交通组织混乱状况，规划构建了快速边界的外部交通系统和完整的内部环形旅游通道

灵山风景区在旅游交通方面存在外部交通衔接不顺畅、内部交通布局不均衡、内外交通缺乏系统对接、公路设施等级低等诸多问题。

规划针对外部交通问题，提出建设上饶中心城区和灵山之间的快速通道和旅游公路（即灵山大道）的构想，提升改造石人—上德高速、湖村—横峰、望仙—德兴的公路，并且在风景区外围新建清水乡—石人乡的公路，构建快速边界的外部交通系统。

在风景区内部，打通石人村—南峰村的断头路，修通高南峰至杨桥村公路，使得风景区内部形成完整的环形旅游通道。打通清水乡—前汪—石人

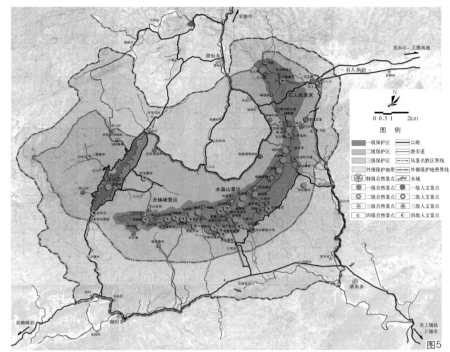

图5

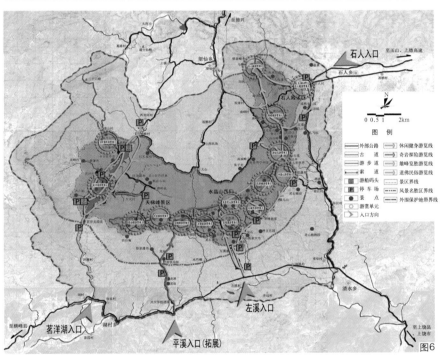

图6

旅游村—南峰—高南峰，清水乡—双溪口—左溪灵山综合服务区—湖村乡—沙湾—杨桥等多条公路，完善风景区游览公路系统，有效地解决了风景区旅游交通混乱局面（图7）。

（五）针对风景区内居民点无序建设的现象，规划在维护原住居民的合法权益、尊重原住居民意愿的前提下，合理调控居民点建设和人口规模

灵山风景区涉及清水乡、望仙乡、石人乡、湖

图5　分级保护规划图
图6　游赏规划图

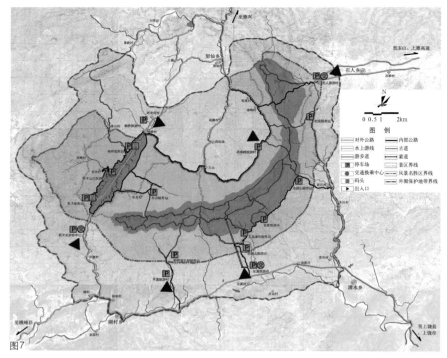

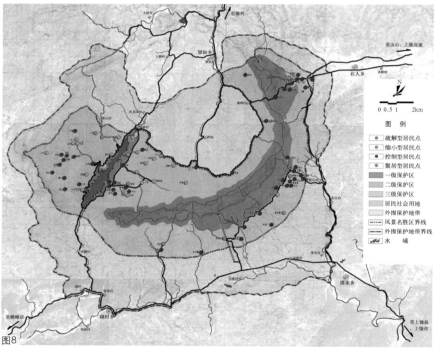

图 7　道路交通规划图
图 8　居民点协调发展规划图

村乡四个乡、13 个行政村、80 个自然村，现状居民 13641 人，人均建设用地约 130m²。

规划针对风景区内居民点无序建设的现象，制定了具体的调控措施，如核心景区内的居民点以"小规模村庄疏解、大规模村庄控制缩小"为主要原则，疏解出的居民由各级政府统一安置到风景区外，并对疏解后的用地进行生态恢复和绿化；坡度在 25°以上的居民点，鼓励其缩小用地规模；可作为旅游服务设施利用的居民点，加强规划协调与控制，有效控制其发展规模等。

规划结合各居民点特点，在维护原住居民的合法权益、尊重原住居民意愿的前提下，将 80 个自然村划分为疏解型（7 个）、缩小型（22 个）、控制型（50 个）和聚居型（1 个）四种基本类型，规划期末人口为 10530 人，人均建设用地控制在 120m²（图 8）。

五、规划实施效果

（1）按规划拆除了风景区内与景观风貌不协调的建（构）筑物，关闭了风景区外围对景观风貌有影响的采石场，风景区整体环境已得到了大幅改善。

（2）按规划修建了 15km 环山游览步道和左溪索道，完成了游客中心及周边配套设施的建设；新建了上饶中心城区至灵山的快速旅游公路（灵山大道），以及污水处理厂等基础设施，已经形成了比较完善的游览体系和旅游服务体系。

（3）总体规划实施以来，风景区游人量逐年增加，目前已经达到 240 万人次，灵山在全国的知名度显著提高。

项目组成员名单
项目负责人：易桂秀　朱　琼
项目参加人：李桂章　龚瀚涛　徐令芳　曾　翔
　　　　　　王益东　曾　锋　殷　武　刘　鹏

一场生命力创造实验

——以广东广州海珠湿地三期保护与修复为例

广州园林建筑规划设计研究总院有限公司／李　珊　梁曦亮　梁　欣

提要： 基于海珠湿地长期的生态保护与修复实践，果林排灌渠形成的湿地需要较多的人工干预才能维持健康湿地形态。本文提出在果林退化、生境单一的场地上，实验性地模拟自然河涌湿地形态进行水系重构、水岸重塑、果林优化，构建可持续的岭南果林湿地特色的湿地新形态，提升城市生物多样性。

一、项目基本情况

（一）区位

海珠国家湿地公园位于广州市新中轴线南段，是名副其实的广州绿心，总面积约 1100hm²。海珠湿地已建成开放区域包括海珠湖、海珠湿地一期、海珠湿地二期。海珠湿地三期位于海珠湿地二期与岭南传统村落小洲村之间，面积 179hm²（图 1）。

（二）场地现状

海珠湿地的前身是万亩果园。建设过程中，海珠湿地一直在探索湿地保护与修复路径。海珠湖扩大湿地面积、缓解周边城市内涝问题，海珠湿地一期引珠江水改善水质黑臭问题，海珠湿地二期采用"微改造，少干预"的手法，尊重果林湿地基底，提升生物多样性。项目前期实践中发现果林排灌渠形成的湿地，水道窄、水深浅，需要较多的人工干预才能稳定存续。

湿地三期现状湿地以生产为目的形成的河涌 - 排灌渠果林湿地为主，局部有鱼塘。经过多次现场勘探发现，三期主要存在 3 个问题：（1）湿地退化、水质黑臭（图 2）；（2）岸线陡直、生境单一；（3）果林抛荒、果树无果。

（三）设计策略

海珠湿地三期传承与优化生态设计手法，希望可以在微改造、少干预之余，实验性地从创造可自然存续的优质湿地以及传承岭南、农业特色出发，通过水系重构、水岸重塑、果林优化，形成可在低

人工干预下存续的"近自然"岭南特色果林湿地体系（图 3）。

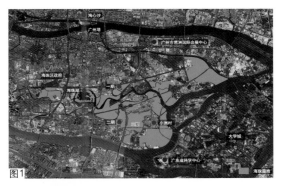

图1

图2

图 1　区位图
图 2　湿地退化、水质黑臭
图 3　近自然的湿地系统

图3

山林城市

芦林风清

瑶溪映月

图4

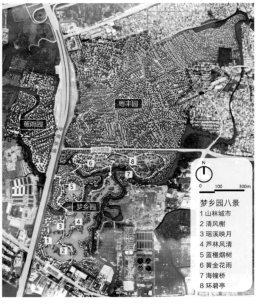

梦乡园八景
1 山林城市
2 清风榭
3 瑶溪映月
4 芦林风清
5 蓝榕烟树
6 黄金花雨
7 海幢桥
8 环碧亭

图5

图6

图7

图8

图4　总体布局图
图5　近自然水系调蓄雨洪
图6　可淹没景观
图7　营造缓坡岸带
图8　营造生境岛屿

（四）总体规划

根据现状果林湿地保育状况的差异，给予不同的生态设计强度，以"粤韵梦谣的诗意自然"为设计主题，打造融入岭南记忆、雨打芭蕉、岭南农耕主题的湿地主题园：梦乡园、蕉雨园、粤丰园（图4）。

其中蕉雨园、粤丰园以微改造、少干预为设计手法为主保育修复果林湿地，梦乡园则将传统的果林湿地修复为近自然的果林湿地。

二、创新技术要点

（一）水系重构，提升湿地抗逆性

现状果林湿地的排灌渠系统淤塞、陆地化严重，水质变差，设计以稳定的自然水系布局为参照，通过开挖疏浚，恢复内外水系连通性；挖深拓宽，减缓湿地淤塞退化速度；去直取弯，增强湿地水源涵养能力；潮闸合控，实现内外水循环。

水系重构后，湿地总体抗逆性得到提升。水面拓宽至5~120m，水系加深至0.5~3.5m，湿地不易形成明显淤积；果林湿地与外涌感潮河道的水位差带来自然水动力，变死水为活水实现内外水循环，增强湿地自我净化能力；设计水位由5.8m降低至4.7m，需要疏解城市雨洪时，水位可调节至7m，调蓄容积由7.2万 m^3 增加到约30万 m^3，生态岸线由0.7万 m增长至1.5万 m，湿地雨洪调蓄能力增强（图5、图6）。

（二）水岸重塑，丰富湿地生境

传统的果林沟渠湿地岸线与自然的水岸相比岸线陡直、生物多样性较单一。通过营造缓坡岸带、生境岛屿、深浅水塘以及丰富植物结构，增加生境多样性，形成多孔隙柔性岸线，恢复水体自净能力，进而提升湿地对鸟类、昆虫、鱼类等的吸引力。

1. 营造缓坡岸带。变近90°陡坡岸线为坡度小于35°的缓坡岸带，缓坡上或种植植物或堆置卵石或留给自然设计，吸引水鸟、两栖动物、底栖动物等生物栖息繁衍（图7）。

2. 营造生境岛屿。扩大水体时保留部分陆地为生境岛屿。

以榕岛提升为例。变鱼塘旁生物多样性较低的榕树林为无人干扰的生境岛屿，吸引众多鱼、鸟前来。榕树为鸟类提供高潮位栖息地，滩涂、草坡、灌丛、枯倒木等成为低潮位栖息地（图8）。

3. 营造深浅水塘。将水面开合变化少、水深单一的果林排灌渠重塑为有宽窄和深浅变化的水体。深水塘是鱼类休息地、庇护地，同时也是游禽的觅食地，浅水塘则为涉禽提供了极好的栖息环境。

4. 丰富植物结构。适合植物着生的岸线上，从水体向陆地过渡，种植沉水植物－挺水植物－湿生草本－灌木－乔木，形成水生植物带、湿生植物带、陆生植物带，构成多样生境。

5. 恢复水体自净能力。通过植物缓冲带截流过滤地表径流，栽植苦草、美人蕉等水生植物净化水体，结合湿地平均2天一次的水体置换，恢复水系自净能力。

（三）果林优化，焕活退化果园

按果树长势，现状果林可分为长势优良、一般、较差区域，现状果树下植被层次单一，多数果树生长不良，不再具备生产功能。果园逐渐丧失活力。

设计通过果树保育、果林疏伐、林分改造等措施保留场地记忆及岭南佳果种质资源，优化果树立地条件及植物群落结构，焕活退化果园。

1. 果树保育。保护荔枝、龙眼、胭脂红番石榴、黄皮等重要的热带水果种质资源，保留外涌荔枝形成稳固岸线。

2. 果林疏伐。疏伐种植过密或生长不良的果林，降低种植密度，打开林窗，改善光照与通风情况。

3. 林分改造。种植高大乔木，种植草本、灌木及水生植物，形成"乔木＋灌木＋地被＋水生"的"立体、多元、幽深"的植被层次。适当更新水蒲桃、番石榴、菠萝蜜、荔枝等岭南佳果。

设计增加乔木46种、灌木55种、地被植物50种、水生植物31种。种植乔木有红花风铃木、大叶榕、宫粉紫荆等；种植灌木有木芙蓉、野牡丹、大红花等；种植地被植物有花叶芦竹、葱兰等；水生植物有蒲苇、鸢尾、千屈菜、莲藕、马蹄、菱角、茭笋、慈菇、美人蕉、芦苇、荷花等生态植物品种。

图9

项目实施后，果园中保留的荔枝、番石榴等重新挂果，果质优良。新增洋蒲桃、落羽杉、美人蕉等生长良好，使果园焕发新的生机（图9）。

三、结语

项目建成前后，湿地水质从劣Ⅴ类提升到Ⅲ类以上，水体能见度达2m。植物种类由294种提升至835种，鸟类由99种提升至180种、鱼类由36种提升至60种（图10）。

海珠湿地三期的建设，在提升生物多样性的同时也为科研团体提供了研学场所。设计过程中，创造性地提出仿自然生态、破而后立的生态设计手法，形成具有岭南果林湿地特色的湿地新形态，促进学界重新定义海珠湿地特色为独特的"垛基果林"湿地。

未来希望通过各机构对湿地进行长期观测，并数据共享，再通过对不同地形、水深条件下生物多样性恢复的快慢、程度进行细致、定量的分析，并将其结果应用到湿地设计中，支撑更加精细化的生态设计，提升城市生物多样性。

项目组成员名单
项目负责人：梁曦亮
项目参加人：李 青　梁曦亮　马 越　文冬冬
　　　　　　梁 欣　江丽欣　李 珊　陆茵然
　　　　　　叶超明　许唯智

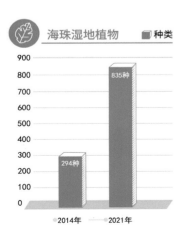
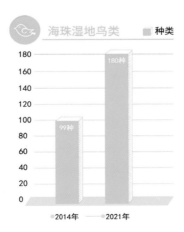
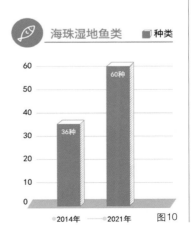

图10

图9　焕活退化果园
图10　生物多样性提升成果

文旅结合背景下的古城复兴实践探索
——以湖北施州古城复兴为例

上海复旦规划建筑设计研究院有限公司／孙晓倩

提要：规划深入挖掘施州古城资源以及文化价值，在保护性开发的指导思想下，探索微创织补、有机更新的发展模式，精准的业态植入让古城既有烟火气，又有人文特色，实现古城"形"和"神"的全面复兴，为城市重点地区更新以及与文旅结合提供了很好的借鉴意义。

一、项目概况

施州古城位于湖北省恩施土家族苗族自治州首府恩施市，1991年被评为湖北省首批历史文化名城，是湖北省九大历史名城之一。施州古城蕴藏着恩施历史文脉，始建于公元713年的唐代，距今已有2000多年历史，这里曾是恩施的政治、经济和文化中心，古城楼、武圣宫、文昌祠、洗马池等古迹琳琅，见证了一座千年老城的沧桑巨变，承载了恩施的辉煌与历史，然而随着时代变迁，施州古城逐渐没落。

为推进施州旅游文化产业建设，加快恩施古城保护性开发，弘扬古城文化，创建全域旅游示范区，施州州委、州政府要求将清江、施州古城作为恩施名片打造，凸显"一江一古城"的恩施特色。

二、规划背景

（一）文化与旅游相结合是国家发展大趋势，也是古城复兴的重要手段

从国家到各省，文化行政管理部门与旅游管理部门的整合挂牌，实现了机构和办公地点的融合，被优雅地称作"诗与远方"的结合。从文旅融合发展的角度深入思考，注重多元体验，丰富旅游业态模式，彰显古城文化，实现古城复兴。

（二）探索新常态下的存量规划，古城复兴要在"存量挖掘"上下功夫

施州古城内可利用空间小，新旧建筑混杂，需盘整古城存量空间、深挖土地潜力、提升土地效益、完善整体功能，从"增量规划"向"存量规划"转型。

（三）坚持"两山理论"，讲好古城故事，增强文化自信

三山四水拱卫着古城，近山亲水特征是施州古城最重要的特色，坚持"两山理论"，保护好古城山水格局，充分挖掘古城的历史故事、爱护文化遗产，坚定文化自信，继承中华优秀传统文化又弘扬时代精神，培养民族"文化自信"。

（四）精细化管控，找准问题，破解难题

古城问题琐碎而庞杂，用好古城更新精细化管理这根"绣花针"，又准又尖的找准问题。精细化管控，用绣花针精神，"绣"好城市精细化管理的同心圆，让无数可能的探索变换成一根绣线，一针一线，穿透顽疾，破解难题。

三、设计思路

（一）发展理念

1. 以"有机更新"带动古城复兴

施州古城可利用土地零碎、文物保护建筑与民居杂糅、新旧建筑混杂，因而不适宜大规模开发，城市有机更新倡导顺应城市肌理，采用小规模整治、逐步改造的更新路径，契合古城的更新需求。

2. 用"城市双修"助推旧城转型

以"城市双修"工作要求为指导，以生态环境

保护、文化传承及景观提升为前提，适当开展旅游活动，最终达到施州古城的复兴与可持续发展，打造城市新名片，提升城市环境品质。

3. 以新型旅游产业恢复古城烟火气

将"文化、景观、旅游"三个元素统筹考虑，在施州古城改造过程中，促进历史文化景观与旅游发展、业态组织与旅游线路有机结合，形成恩施独特的旅游景观资源。

（二）发展定位

发展定位为"恩施之源·时空之缘"。规划提出将施州古城打造成历史和现代文明交织的城市双修示范点；还原近山亲水的明清古城，打造宜居、宜游、宜旅的4A级旅游景区；再现施州古城辉煌，打造继恩施大峡谷、土司城、女儿城后的第4张城市名片。

（三）规划策略

通过现状综合评估，发现古城发展存在问题包括，古城肌理遭受破坏，文化资源不成体系，功能业态单一失衡，空间意向杂乱模糊，生活魅力渐行渐衰。提出规划策略如下：

策略一：统一更新。保留古城山水格局，营造旧城古巷生活氛围，延续传统街道空间布局模式。

策略二：找寻记忆。以"主题 + 记忆 + 创意"的方法复兴古城文化。复原"六街十巷"的古城肌理，结合贯通城墙、复原城门、包装街巷、兴复戏台等方式构建文化资源体系。

策略三：业态融合。针对每条街道的主要问题，采用"增业态""调业态""育业态"的方法，优化街道商业模式，促进业态融合发展。

策略四：系统织补。对交通、公共服务设施、环境系统、开发强度等进行系统织补，打造空间风貌鲜明的历史古城。

策略五：镶嵌点睛。以镶、嵌的方法将重点项目串联成线，解决生活魅力渐行渐衰问题。

四、规划要点

（一）空间结构

规划空间结构为"一轴两环三区多点"（图1），其中：

一轴——从北至南沿解放路和叶挺路打造片区发展实轴。

两环——沿清江、高井河和内部山体围合老城形成生态绿环，城中心古城墙形成内部历史文化环。

三区——北部以山为特色，结合摩天岭打造历史文化公园区；中部以城为特色，结合古城打造历史风貌区；南部以水为特色，结合南门湿地公园打造旅游接待功能区。

多点——三个片区内打造多个旅游景点，北部以"挂榜岩、问月亭"为核心景点；中部以"和平街、西后街、县委旧址"为核心景点；南部以"城乡街、武圣宫、南门湿地公园"为核心。

（二）方案特点

充分利用古城的资源特色，围绕古城文化与生态资源创新开发，筑牢"北山、南水、中城"的生态格局，秉承"修其形，还其魂"的核心思路，将施州古城外在形象的修复与内在文化气质的提升作为两把抓手，以微创织补、有机更新的发展模式，通过精准的业态植入，让古城既有烟火气，又有人文特色，实现古城的全面复兴（图2）。

图 1　施州古城空间结构图
图 2　施州古城规划鸟瞰图

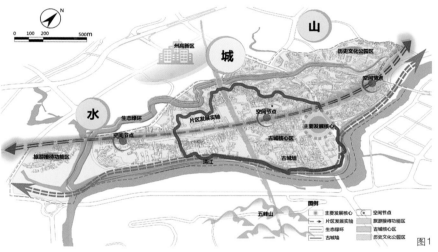

图1

图2

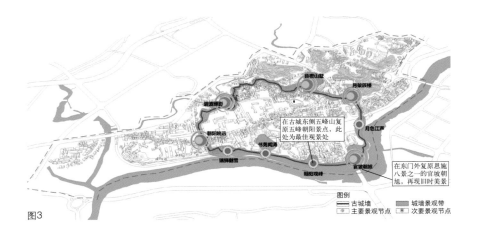

图3

图3　城墙景观规划图
图4　街巷改造设计图
图5　街巷改造效果图
图6　复原古代戏台效果图
图7　核心区古城会馆设计效果图

五、特色与创新

（一）创新一：修其形，修复古城形态，再现古韵明清城

修城垣之形：以"地脉、史脉、文脉、动脉、城脉"五脉为基础，构建从历史格局出发的整体性架构。结合城市修补，修城墙之形：修缮现状城墙，形成城墙环线。修缮南门、西门城楼。建设城墙景观环，建设沿城墙九大景点（图3）。

修街巷之形：保留改造六街十巷，留住古城原有肌理，利用街巷开发民宿、零售、餐饮等业态，民居进行功能置换。街巷空间作为整体开发，布置景观节点（图4、图5）。

修三多四奇之形：修缮复原现存戏台（图6）及会馆（图7），重现古城庙多、会馆多、戏台多三多特色。复原传统馆庙场景，局部街巷设计排水

明沟；商业街窄处安排传递物品表演；设置城墙观景点欣赏城墙骑山景观；复原馆庙是一家、路上鱼蟹虾、过街不出门、城墙骑山走的四奇景观。

修文物建筑风貌之形：修缮现状三类（红色建筑、官用建筑和民用建筑）古城文物建筑，对核心区建筑风貌进行修缮改造，对协调区建筑风貌进行控制引导。

修复古城场所形态：古城区形成五种特色空间景观：城、街、馆、场、店。"城"即打造一个古韵悠悠的明清古城，修复城墙成环，将东西南北四座城门进行修缮提升。"街（巷）"，延续古城肌理，保护恢复古城六街十巷，提炼恩施地域特色和民俗文化特色，形成不同主题街巷。"馆"，即系列小型主题体验馆（可结合古城祠庙古建等建设），共同构成古城文化体验博物馆群，积淀古城底蕴。"场"，即建设文化演艺广场、主题休闲广场、各类小型休憩、景观、游乐广场等，满足不同群体需求。"店"，即尊重古城历史，恢复古城老字号商铺、客栈。

（二）创新二：还其魂，全面复兴古城文化，还原古城烟火气

增加文化体验：以各条特色街道为主，增加文化体验型和休闲娱乐参与型商业业态。

调整商业模式：以胜利街为主，调整现状商业模式，减少小商品零售，鼓励扶持老字号餐饮、中高端服饰、工艺品、食品等业态。

培育新型业态：以城乡街、老市委轴线为主，

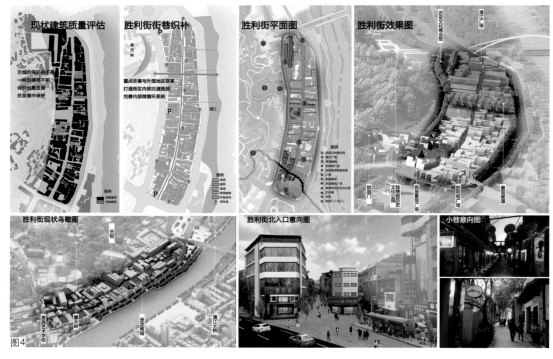

图5

图6

图7

类型	主要内容	具体措施
还民族脊梁之魂	打造抗战文化主题体验游览线路	场景重现如改造提升饶应祺故居、叶挺囚居纪念馆等场景，发扬抗战精神。名人故事解说VR等影像体验
还记忆情怀之魂	鼓励扶持老字号餐饮、茶馆、客栈等业态回迁	主要措施有氛围营造、恢复老字号和定期举办怀旧体验活动
还文武精诚之魂	模拟古代文武科举场景，举办文祭武祀等体验活动	主要措施有科举场地模拟、祭祀活动举办
还山水闲情之魂	游览古渡口体验山光水色，开展水上文人诗画活动	主要措施有水上景观视点营造和游船江岸特色诗画活动，体验山水诗画闲情
还地域民俗之魂	打造民俗创意集市，体验民俗文化活动	主要措施有鼓励小型民俗创意办公产业、定期举办民俗表演活动植入民俗博物馆

培育创意型业态，发展特色手工艺、创意设计、文创产品等业态，打造街区发展新动能（表1）。

旅游业态更新指引下的旧城复兴。以提升产品、联动产品为引擎，构建圈层式古城旅游产品体系。针对不同文化主题，提出精准措施，丰富古城业态体系，重塑古城多元活力空间。规划提出菜单式的项目库，以渐进方式，引导旧城业态逐步更新，让古城的复兴充满"烟火气"。

（三）创新三：精准施策，以"绣花功夫"，引导城市更新

全域统筹，织出一座美丽古城。规划形成古城核心区、和平街西后街片区、胜利街北门片区、城乡街片区、四维街片区和临江片区六大片区，分类提出改造引导路径与空间设计意向。

对症下药，补出一片传统街道。针对每条街道特征，提出开发措施。和平街——规划以"恩施人家"为主题的明清风格传统商业街，西后街——规划以"旧城怀古、恩施美食"为特色的明清风格传统商业街，鼓楼街（公园街）——规划以"鼓楼表演，红色文化"为特色的休闲步行街，城乡街——规划以"民俗展示、艺术创意"为特色的传统生活街。对这些重点街巷要以点带面，抓住关键节点，对政府主导空间、市场可操作性空间以及居民自建提出分类引导和开发指引。

活化一批节点。复原六街十巷，打造9大景观核心，18个景观节点，形成古城悠闲街巷慢行游览线。关注时下旅游热点，组织新型旅游方式，打造"锦绣古城"夜景主题秀，发展"夜色经济"，增强古城夜间活力。

六、结语

施州古城复兴项目受到专家及领导部门的一致好评，多家报纸和媒体对该项目进行专题报道，引起研究专家、教育部门、当地学者等社会各界的广泛关注。

规划明确了古城保护发展定位，制定了古城城市更新工作框架，指导多个古城节点建设方案的编制实施。州委州政府按照规划的总体要求，稳步推进古城保护更新计划。根据古城更新菜单，落实45项近期建设计划，引领武圣宫等文保单位的保护建设、停车场地建设及街区绿化建设等工作依次落地实施。

"白墙黛瓦坡屋顶，花窗红柱石板路"，施州古城的复兴，是文化与旅游相结合的古城复兴实践，重现古韵悠长的明清味道，也促进了古城产业升级和业态更新，是文旅结合背景下的城市更新的有益实践和探索。

项目组成员名单
项目负责人：孙晓倩　纪立虎
项目参加人：孙晓倩　夏龙飞　陈　晓　姚雯娟
　　　　　　蔡文静　陈楠楠

诗意山水

——安徽池州齐山平天湖风景名胜区规划策略研究

中国城市建设研究院有限公司／郭　倩

提要： 在风景资源保护的基础上，从诗意栖居的角度塑造宜居宜游的城市山水空间，满足城市型风景名胜区的发展需求。

一、齐山平天湖风景名胜区现状及发展困境

齐山平天湖风景名胜区（以下简称"风景区"）位于安徽省池州市中心城区，周围均为城市主要交通道路，北侧为城市经济开发区，南侧为池州高铁站，西侧为老城区，东侧为新城。风景区内秀山绿水、文厚景优，具有"景城共生、诗意栖居"的特征（图1、图2）。齐山与齐山湖山水相映，平天湖与碧山湖光山色，秀山绿水，在风景区内存在不

图 1　现状景源评价图
图 2　综合现状图

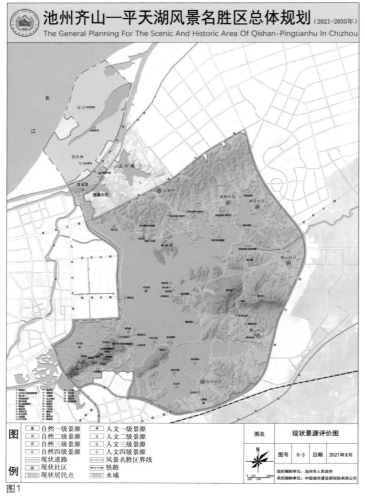

图1

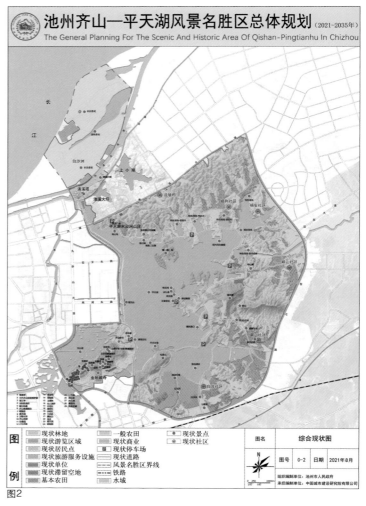

图2

同空间的山水景观，相互呼应，形成城市重要的山水景观核心，构建变化丰富的山水景观，是风景区潜在的山水景观资源。

风景区文化底蕴深厚，在其发展历史中，文化脉络贯穿始终，自唐代以来，齐山经历代营建，文化底蕴深厚，留下卷铁浩瀚的诗词赋文献。平天湖拥有丰富的诗词文化，清溪塔和七星墩遗址历史悠久，共同构成风景区历史悠久的文化精髓。

齐山平天湖风景区堪称池州市城市风景资源的代表，但目前风景区的发展面临诸多问题。主要问题有三点：第一，平天湖作为国家级湿地，具有极高的保护价值，现状却有很多的人工鱼塘随意拉网捕捞，村庄污水直接排放，房屋建设侵占河道，导致湿地生态网络受到破坏，亟须保护。第二，平天湖的水面约12km²，是西湖的两倍，坐船游览需要3个小时，但湖边景观具有高度的相似性，除了碧山望华楼是景观视觉中心之外，大面积的环湖景观无景点、无景观标志物、无特色，游客很快就从最初的兴奋转向视觉疲劳，进而无法吸引游客和留住游客，其景观品质需要提升。第三，环湖路作为风景区游览的主要道路，承载大量过境交通，对游客

的游览造成了极大的干扰，且道路沿线缺乏指示牌、停车场、厕所、休憩点等游览服务设施，道路交通体系有待完善。

综上所述，风景区的风景资源价值很高，但生态环境面临恶化、风景资源的可游览性及游览服务设施严重缺乏的问题，导致池州市的国家级风景名胜区无法满足城市发展需求和人们休闲活动需求，风景区呈现出荒废、衰败、乱建的局面。

二、规划理念及发展策略

（一）科学保护——分级保护，突出重点

对于现状的风景资源进行综合评价，结合相关规划要求，科学划定一、二、三级保护分区的范围（图3、图4）。

其中核心景区的划定依据包括三个部分：

首先，根据风景资源评价，将风景区内的一级景点周边划出一定范围与空间作为一级保护区（即核心景区），包括齐山及齐山湖、清溪塔、七星墩、平天湖面等，以一级景点的视域范围为主要划定依据。

图3　生态分区图
图4　分级保护规划图

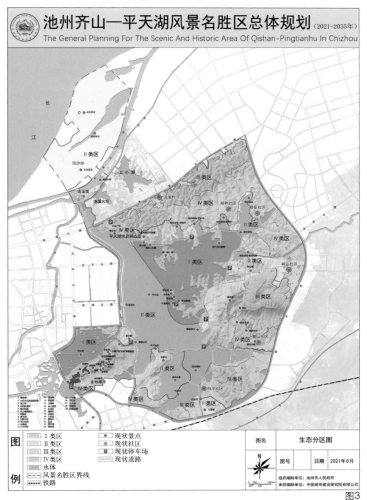

图3

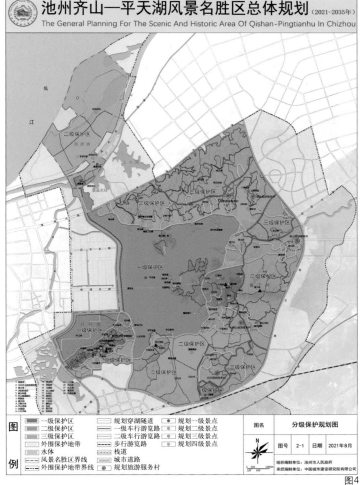

图4

其次，根据《安徽平天湖国家湿地公园总体规划》中划定的分区，将属于湿地生态系统保护核心区域的湿地保育区划入核心景区进行严格保护，该区域以北部群岛、鸟类栖息地为主体；根据《池州湿地保护与建设研究性报告》中的湿地保护框架，将小天鹅（国家二级保护动物）、鹭鸟的核心栖息地齐山湖严格保护。

最后，根据风景区主体山水空间结构，将平天湖主水面和碧山主山体核心视域范围构成的山水空间，即风景区重要的自然环境基底划入核心景区进行严格保护。

综上所述，核心景区重点保护风景区内的一级景点、湿地生态系统的核心保护区域以及主体的山水空间结构，该范围有利于风景资源的整体保护和管理。核心景区面积为13.3km²，占风景名胜区总面积的32.7%。

图5 功能分区规划图

二级保护区生态与景观的敏感度较高，属于山地与水体的过渡区，包括大部分二级景点及其周围区域、白沙河、石马河、鱼塘等河流水系，以及风景区与周边水体贯通的水系，如九华河、碧山河等，是风景区重要的景观生态保育区。二级保护区总面积17.26km²，占风景名胜区总面积42.6%。

三级保护区生态与景观敏感度相对较低，主要包括风景区北部浅山丘陵及平原区域、风景区东侧与城市道路相邻的区域，以及其他设施建设相对集中的区域，是风景区重要的设施建设区与环境过渡区。三级保护区总面积10.04km²，占风景区总面积的24.7%。

（二）服务城市——梳理风景区的功能体系

目前风景区的功能以保护为主，兼顾部分区域的游览活动（如齐山、碧山），大部分区域的功能尚未明确。规划在详细分析风景区的生态环境和风景资源的基础上，制定了资源分级、生态分区和保护分区，并在此基础上进一步明确了风景区未来的主导功能特征，划定功能区范围，确定管理原则和措施，为风景区未来的发展建设明确方向。

功能分区包括特别保存区、风景恢复、风景游览区、发展控制区、旅游服务区。其中特别保存区和风景恢复是指风景区内景观和生态价值突出，需要重点保护、涵养、维护的对象与地区，主要指一级保护区的保护范围。风景游览区和发展控制区是指景物、景点、景群等风景游赏对象集中的区域，包括林地、园地、山体、村庄等区域，是风景区内最具诗意的空间，也是能够吸引游客驻足、游赏和休憩的空间。这个区域是未来风景区重点提升的区域。旅游服务区是风景区内旅游服务设施集中的地区，集中配套游览服务设施。除此之外，风景区内的村庄未来将成为具有风景区文化特色的风景旅游服务村（图5）。

通过对风景区功能体系的梳理，使得风景区内的主要风景资源得到更严格的保护，同时明确了可供游客休闲游览的区域和配套游览服务设施的区域，满足城市休闲游览的需求。

（三）低值高用——提升潜在风景资源的价值

风景区是池州市的市民及游客主要的户外休闲场所，平天湖、碧山、包家山构成的山水空间是人们休闲活动的核心区域。规划希望将齐山悠久的历史文化底蕴融入山水空间之中，提升景观品质，成为能够为现代人提供"可居、可游、可赏"的城市山水休闲空间。规划策略包括山水入画（空间景观

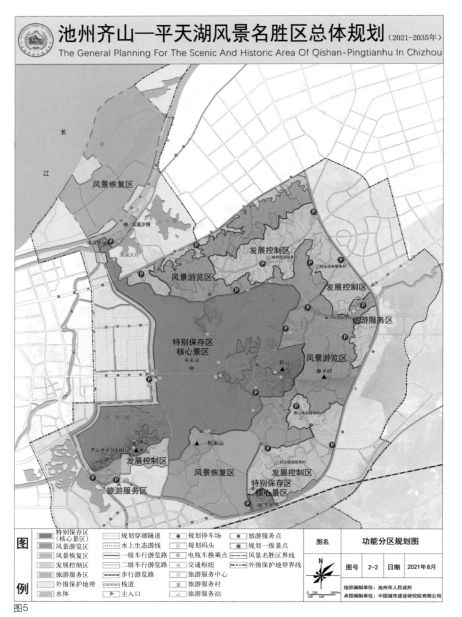

图5

提升）、文化塑魂（诗歌艺术再现）、功能配套（配套设施齐全）等。在此以湖堤为例重点论述平天湖区域如何通过山水入画和文化塑魂来提升风景区的景观品质（图6）。

历史上《齐山志》记载的湖面景观是非常丰富的，提及的湖堤景观主要有两个，一个是翠微堤，另一个是青云堤，书中对于湖堤的景观有着非常详细的描述。翠微堤是齐山最早修建的湖堤（图7）。《齐山岩洞志》载：堤为唐刺史李方玄所创筑。清乾隆年间，重建翠微堤。清陈塾有《翠微堤》诗"树里娇莺恰恰啼，东风吹我度长堤。半湖春水摇山影，一路香泥印马蹄。钓艇纶垂新柳外，酒楼帘卷小桥西。伊谁压笛穿云落，三叠梅花日已低。"堤上建有采露、中亭、南亭、三亭；有分水、泻水、秀鲜三桥，堤旁齐山湖左有阆亭，右有石洲，长堤杨柳依依，齐山巍巍，湖光山色，风光绮丽，池阳十景，半在堤上月。杨万里曾写道"楼台玉塔云间见，杨柳金堤镜里藏"的诗句。

书中详细描述了翠微堤和青云堤的景观构成，例如堤上有多少桥、阁、亭，对它们的名字和位置都有准确记载，此外还记载了堤上植物景观，即"杨柳金堤"，规划建议以《齐山志》中的记载为依据，对现状的湖堤进行改造提升，再现翠微堤和青云堤的历史文化景观，融入浓厚的文化内涵，并且具有丰富的景观变化和层次，增加了湖堤的可游览性与观赏性。

除了湖堤之外，《齐山志》中还有大量的关于齐山平天湖区域的亭、台、楼、阁、植物、历史典故等记载，这些都属于珍贵的历史文化资源，规划建议依据文献的记载还原和再现历史上的景观，丰富风景区的景观内涵，提升景观的品质。这里的每一个亭、台、楼、阁、廊、榭、桥、汀都应成为风景区里的景点，而非单纯的工程设施，营造景景入画、构图精致、层次丰富的景观意境，形成可游、可赏的诗意山水景观。

通过山水入画和文化塑魂对齐山平天湖西湖风景区进行景观品质的提升，使其既拥有大尺度的壮阔的山水空间，还拥有精致的小尺度景观空间，成为像杭州西湖一样的具有世界遗产品质的城市风景

资源，提升池州的城市景观品质。

（四）内外双环——合理组织游览线路

规划依据风景区总体布局要求，对风景区现状的道路交通系统进行梳理，构建"内外双环"的道路交通体系，更好地满足未来游客的游览需求（图8）。

首先，规划重点调整现状环湖路的内外车行交通混行的现象，建议环湖路以景区电瓶车、自行

图6 规划总图
图7 齐山全景图

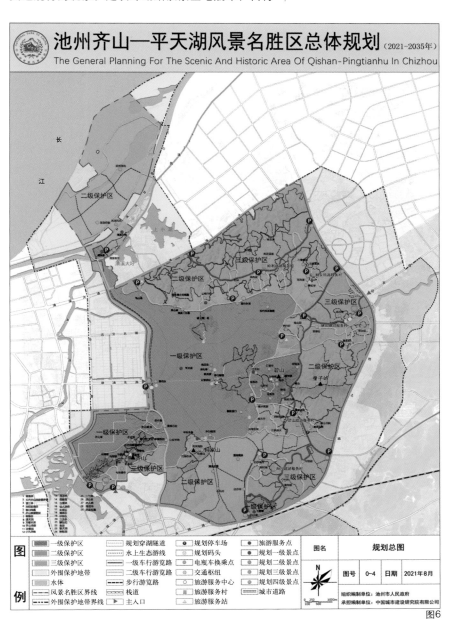

图6

图7

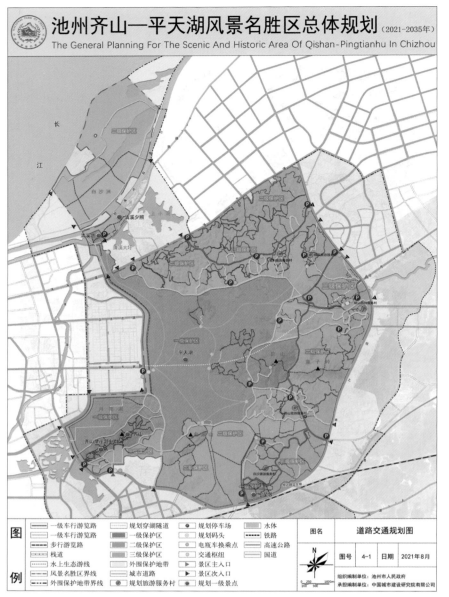

池州齐山—平天湖风景名胜区总体规划 (2021-2035年)
The General Planning For The Scenic And Historic Area Of Qishan-Pingtianhu In Chizhou

组织编制单位：池州市人民政府
承担编制单位：中国城市建设研究院有限公司

图例				图名	道路交通规划图
一级车行游览路	规划穿湖隧道	规划停车场	水体		
一级车行游览路	一级保护区	规划码头	高速公路		
步行游览路	二级保护区	电瓶车换乘点	铁路	图号	4-1　日期　2021年8月
栈道	三级保护区	交通枢纽	国道		
水上生态游线	外围保护地带	景区主入口			
风景名胜区界线	城市道路	景区次入口			
外围保护地带界线	规划旅游服务村	规划一级景点			

图8　道路交通规划图

车、步行交通为主，不建议一般机动车辆进入，成为主要服务游客的风景区内的二级车行游览路。环湖路连接了风景区主要的环湖景观，成为游客休闲游憩的游览性道路，形成风景区的内部环线。规划车行游览路总长度54.05km，景区游览路路面宽度应不小于6m，应设置步行空间，参考四级公路标准进行设计。

其次，在环湖路外围，各个旅游服务村之间规划一级车行游览路，满足未来通行机动车、电瓶车和旅游大巴的需求，形成风景区的外部环线。规划结合未来休闲度假的需求，利用现状村庄道路改造升级，车行游览路路面宽度应不小于12m，满足车辆双向通行的需要，应设置步行空间和骑行空间，参考三级公路标准进行设计。规划一级车行游览路总长度15.2km，规划景区游览路路面宽度12m。

三、结语

池州齐山平天湖风景区是一个典型的城市型风景区，规划重点抓住风景区与城市发展之间的关系来深入研究，从风景区的现状分析、规划定位、保护分区、游赏规划等各个方面都要在保护风景资源的基础上，与城市发展充分融合，兼顾城市需求，不断提升风景区自身的景观品质与游览条件，满足未来游客对于美好生活的追求。

项目组成员名单
项目负责人：郭　倩
项目参加人：王玉杰　曹金清　王夫帅　张　潮
　　　　　　周奕扬　孙佳俐　刘申宇雯

湖北武汉华侨城湿地公园

深圳奥雅设计股份有限公司／张　洁

提要：项目将场地基底的恢复与保护放在首位，着重恢复水生态系统。同时，运用色彩活化公园氛围，增加体验与互动装置，赋予公园现代明快、生态自然的空间感，公园设计的成果在尊重自然的基础上达到有效缓解游人压力的目的。

一、区位与背景

公园位于湖北省武汉市中心城区东湖生态旅游风景区内，处在生态休闲片区。公园周边 5km 内体验性景点林立，园区被华侨城欢乐谷、生态艺术公园、东湖听涛景区、沙滩浴场等景点紧紧环绕。原湿地公园水循环系统故障，导致水体富营养化、鸟类减少、空气质量下降，园区虽依托东湖景区却门可罗雀。在特殊的地理位置和新冠肺炎疫情特殊的双重背景下，赋予项目特殊的意义和任务，因此生态系统修复以及疫情后的人气再聚集成为设计的关键（图 1）。

二、设计解读

（一）水循环系统的修复

公园水域总面积约 7 万 m²，设计通过水生植物和水生动物构建"水上湿地、水下森林"生态自净系统（图 2）。湿地公园每年从东湖泵入 8.7 万 m³ 湖水，年降水量约 14 万 m³，减去多余雨水溢流量，每年全园净化水量约 18 万 m³。场地内原有水体淤泥堆积，藻类暴发，面临严重的富营养化问题。设计重新梳理驳岸，增加新的提升泵，在补水区加设第一道物理净水屏障，再依次经过沉水植物、挺水植物区的净化到达南侧的净水区静置沉降、物理和生物净化手段双管齐下将来自东湖的劣Ⅳ水经过三层净化达到Ⅲ～Ⅱ类水之后，再通过重力势能汇入西侧的水生植物展示区加以利用（图 3）。净化过后的湖水澄澈干净，大大提升了生

图1

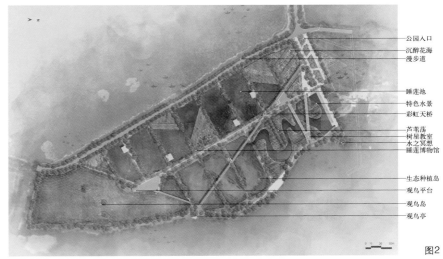

公园入口
沉醉花海
漫步道

睡莲池
特色水景
彩虹天桥

芦苇荡
树屋教室
水之冥想
睡莲博物馆

生态种植岛
观鸟平台
观鸟岛
观鸟亭

图2

图 1　项目区位
图 2　总平面图

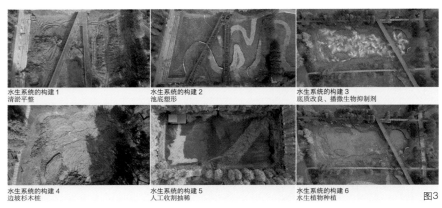

水生系统的构建1
清淤平整

水生系统的构建2
池底塑形

水生系统的构建3
底质改良、播撒生物抑制剂

水生系统的构建4
边坡杉木桩

水生系统的构建5
人工收割抽稀

水生系统的构建6
水生植物种植

图3

Before　After

图4

图5

图6

图3　水生系统的构建（步骤依
次为清淤平整、池底塑形、
底质改良和播撒生物抑制
剂、边坡杉木桩、人工收
割抽稀、水生植物种植）
图4　湿地改造前后对比
图5　半岛植物景观
图6　陆地绿化景观

上木苗木表　表1

名称	规格			数量（株）
	胸（地）径	高度（cm）	冠幅（cm）	
金桂（移）	—	树高450	450	3
金桂B	地径40cm以上	树高450	450	12
弯杆朴树	胸径18cm	树高550~600	350~400	1
早樱A	地径15~16cm	树高400~450	380~400	35
红枫B	地径10~11cm	220~250	250~280	1
红梅（移）	地径15~16cm	300~350	350~400	1
西府海棠	地径18~19cm	500~550	400	16
水果蓝	—	100~120	100~120	3
海桐球（移）	—	150~160	190~200	2
结香A	—	150~160	180~200	4
金边胡颓子球B	—	130~140	150~160	2
鸡爪槭B	地径11~12cm	250~280	300~350	1

态稳定性，翠绿的植物在碧波中倒映出清晰可见的绿影，同时清澈的湖水也为生物们提供了绝佳的居所，鱼儿在水底自由健康生长，野鸭也将这里作为栖息地。依赖湿地环境的鸟类也将这里作为了栖息地，根据基地现场考察，共记录29种鸟类，其中部分鸟类依赖湿地环境，如黑水鸡、中国池鹭、乌鸫等。

（二）植物设计与改造

设计方案尽可能地保留现有的植物，在不打扰现有生态环境系统的基础上着重增加生态植物。设计梳理水景中芦苇荡的生态廊道，在原有芦苇的基础上补种芦苇，并在池底铺种枯草，提升水净化功能。在净水景区域，保留现场观赏价值高并长势优的再力花和荷花、睡莲等挺水植物，增加种植水生美人蕉、鸢尾、黄菖蒲、千屈菜等水生植物，并区分专类观赏区域，在优化生态功能、美化功能的同时，增加科普功能（图4）。

对于水中衍生的半岛植物景观，设计方案调整，改种二月兰、麦冬、白三叶、柳叶马鞭草、箬竹等粗放型植物，既丰富远观时视觉上的景观功能，又增强减少人为干扰的生态功能（图5）。

对于公园陆地绿化景观，主要保留部分低维护的生态植物，分区域增加种植野趣性植物，如沿东湖大道，梳理杂乱破败的修剪类灌木，改种粗放管理的多年生野花混播种植，丰富景观同时，提升吸引昆虫的生态功能；在湿地公园中轴区域，梳理部分修剪类灌木和需精细管理的大草坪景观，改种小兔子狼尾草、紫穗狼尾草、旱伞草、紫娇花、翠芦莉、粉黛乱子草等粗放管理的生态野趣性植物（图6、表1、表2）。

（三）"治愈"色彩的使用

景观第一重体验来源于视觉，色彩变化同样牵动着观赏者情绪的变化，对人们的心理活动有着重要影响。本着低成本、低影响的设计原则，设计用色彩来为原本斑驳的桥头变身，使用彩虹色为绿意盎然的湿地公园增添一抹别样的生气，为游人们带去明媚的游园体验（图7）。局部桥面铺设竹木面层，加大步行舒适感，并在节点处增加观鸟台。

设计方案考虑保护湿地公园内部的鸟类，同时满足人的使用需求，方案采用低照度防眩光，给行人提供照明的同时又不惊扰动物（图8）。设计需要尊重自然，也需要关注人的需求。人与人只有色彩的不同，没有高低的差异。设计团队以自然为画布，用色彩点缀绿林，在视觉上引起强烈冲击，唤

地被灌木苗木表   表2

名称	规格		面积 (m²)	密度 (盆、株/m²)	名称	规格		面积 (m²)	密度 (盆、株/m²)
	高度 (cm)	冠幅 (cm)				高度 (cm)	冠幅 (cm)		
花叶络石	8~10	藤长 30~35	30	49	花叶美人蕉	40~45	35~40	451.6	9
紫穗狼尾草	40~45	30~35	1058	36	细叶芒	80~90	45~50	126.3	9
无尽夏	35~40	30~35	63.7	9	水果蓝	35~40	30~35	15.4	9
矮蒲苇	110~120	55~60	239.2	9	金鸡菊	20~25	15~20	19	16
紫雪茄	20~25	20~25	157.7	64	墨西哥羽毛草	15~20	15~20	41.5	36
大吴风草	20~25	20~25	60	64	海桐	45~50	35~40	138	36
桃叶珊瑚	45~50	35~40	139	36	红巨人朱蕉	40~45	15~20	19.7	25
南天竹	40~45	35~40	191	36	矮生百子莲	40~45	25~30	9.6	25
小兔子狼尾草	20~25	20~25	162.6	16	茶梅	20~25	30~35	62	49
大布尼狼尾草	45~50	30~35	11	36	彩叶杞柳	45~50	30~35	229	9
美女樱（紫色）	8~10	10~15	26.3	81	黄金菊	25~30	25~30	124	25
欧石竹	8~10	10~15	14.6	81	绣球荚蒾	120	45~50	21	36
春鹃	25~30	30~35	200	49	毛地黄	45~50	20~25	16.5	16
紫鹃	20~25	30~35	77	49	大叶黄杨	40~45	30~35	24	36
佛甲草	5~8	10~15	16.7	81	肾蕨	20~25	15~20	1	16
花叶芒	55~60	30~35	23	9	直立迷迭香	30~35	25~30	2.9	49
金叶石菖蒲	15~20	15~20	60.9	64	金森女贞	35~40	30~35	17	36
德国鸢尾	35~40	25~30	407	25	超级鼠尾草	35~40	15~20	19.9	25
香菇草	8~10	10~15	115	81	箬竹	45~50	30~35	258	36
八角金盘	55~60	35~40	212	36	矾根	5~8	10~15	12.7	36
粉黛乱子草	40~45	30~35	912	36	花叶香桃木	30~35	30~35	17.8	36
穗花牡荆	45~50	25~30	27.7	25	二月兰 + 兰花三七			542	0
小叶栀子	20~25	20~25	93	49		15~20	15~20		49
金叶苔草	25~30	25~30	7.4	36	法兰西玉簪	20~25	15~20	74.7	36
葱兰	10~15	10~15	566	64	皇红醉鱼草	55~60	30~35	79.2	36
韭兰	10~15	10~15	148	64	玉簪 + 紫叶筋骨草	20~25	15~20	50	36
天蓝鼠尾草	35~40	20~25	47	25		10~15	10~15	70	81
玉龙草（现场保留）	5~8	10~15	2197	81	大花飞燕草	35~40	15~20	10.3	25
花叶络石（现场保留）	8~10	藤长 30~35	61	49	美女樱（粉色）	8~10	10~15	33.4	81
云南黄馨	30~35	藤长 55~60	162.9	36	现场保留植物			6919	
旱伞草	70~80	40~45	189	9	清理杂草和构树			1079	
翠芦莉	35~40	20~25	911	16	混播花海一（蓝紫色系）			637	
黄菖蒲	35~40	25~30	211	9	混播花海二（粉色系）			441	
千屈菜	35~40	20~25	426	9	混播花海三（黄色系）			1525	
花叶芦竹	70~80	30~35	230	9	白三叶			339	
红花酢浆草	—	—	304	—	草坪			4313	
紫娇花	30~35	15~20	308	64	有机覆盖物			800	
柳叶马鞭草	40~45	20~25	516	36					

图7　彩虹桥

图8　照明效果

图9

图10

图11

图12

图 9　滨水景观亭
图 10　观鸟亭
图 11　活动空间与夜光起伏路面
图 12　公园的游人活动

起人们的游赏渴望。在自然里描绘一道彩虹，治愈心灵的斑斓。此外，将原有滨水景观亭重新刷漆，浓郁的赤色与盎然的绿意形成极致反差，成功聚焦视觉，增加休憩座椅，形成整体休憩站生态调性，将人引入其中与水为伴（图 9）。

（四）互动设施的增补

场地内，原有观景设施局部破损且结构暴露，美观性与实用性欠佳，顶部结构裸露影响使用体验，缺少休憩设施与观鸟设备。设计以自然、低调为主旨，外立面使用竹木装饰，留出空间形成观鸟窗口，观鸟亭内部通过增加顶部装饰和休憩座椅来营造停留空间，起到观鸟和教育科普展示的双重作用；空中观景台结合彩虹长廊，增加望远镜，让人们将公园景色尽收眼底（图 10）；利用夜光漆在地面喷涂水流状曲线增强动感，提升主轴步行体验，地面指引赋予景观导视功能，增强人与景观的互动性（图11）。上述设计将原本无趣的景观大道变得充满生气，白色流线在打破单调的同时延伸了人的视线。地面漆划线增加微地形景观，以起伏的彩虹桥为背景，在分解空间的同时增加人与场地的互动感。

三、总结

自然要素间环环相扣、循环不息，包容着所有的色彩。设计以敬畏自然之心恢复生态，让自然成为我们最好的依靠。疫情之后的武汉华侨城湿地公园的改造提升设计站在社会责任与初心的立场，从环境修复和游人情绪解压为出发点，为个人健康与社会福祉产生正面影响（图 12）。

健康是公共空间可持续发展的关键，本案将景观作为改善环境的重要手段之一，不仅要满足审美要求，而且要满足人们在公共卫生环境逐渐恶化下日益增长的功能需求，设计在优化湿地公园生态基底的同时以色彩作为治愈手段激发游人多种游览体验，重焕自然与人的双重活力，使人与自然平衡共生，"缝合"疫情带来的"伤痕"。

项目组成员名单
项目负责人：李宝章　姜海龙　温达毅
项目参加人：周　琴　张文娟　石银磊　谢罗姿婕
　　　　　　王洪丽　吴瑞雪　朱元庆　章美玲
　　　　　　雷　超　严　珉

增存并重的绿地系统规划策略探讨
——以山西大同市中心城区绿地系统规划研究为例

北京景观园林设计有限公司／葛书红　邢至怡　林　霖

提要： 本文从绿地增量布局与存量提质增效赋能并重的角度，从"城乡绿地"转向"城乡绿色空间"，深入挖掘各类存量绿地及绿色开放空间的综合服务效能，多措并举扩大绿地游憩空间。

引言

城市绿地系统规划是城乡一体化绿化建设发展的战略性总纲，在国土空间规划改革和存量时代高质量发展的新时代背景下面临更高的要求，如何统筹考虑城市发展、生态安全、百姓休闲、文化承载、风貌展示，解决城市绿地系统的功能问题、结构问题、布局问题、规模问题、管理实施问题等，具有重要的现实意义。

大同市中心城区绿地系统规划研究为京同区域合作协议之一——《林业（园林）合作协议》框架下子项目，本规划研究旨在针对大同市当前城乡绿地系统格局不够完善，生态、游憩两大功能承载不足，城绿协同发展面临挑战，公园绿地级配、分布、功能承载无法满足居民多元游憩需求等问题，在大同市"城绿交融"城市绿化发展目标提出、老城区更新、城市国土空间规划编制启动的背景下，从基于增量思维的"填空式"规划，转变为绿地增量布局与存量提质增效并重，聚焦挖掘存量公园绿地及各类用地内绿色空间潜能，精细把脉现状问题，精准施策未来发展。

一、研究思路

（一）总体思路

本规划从时代发展要求以及绿地发展现状和存在问题入手，基于城市绿地"生态、游憩、景观风貌"三大基本职能，明确增量布局与存量挖潜赋能并重的总体思路，并提出"城乡统筹、要素管控；基于需求、结构引领；开源挖潜、提质增效；塑造风貌、文化传承"的规划策略。本规划结合城

市发展定位及居民多元化休闲游憩需求，从城市空间结构、生态安全格局、休闲游憩需求、空间挖潜共享、文化保护传承、城乡融合发展、规划统筹衔接等多角度，研究大同市中心城区城市绿地发展方向、绿地结构布局、指标体系构建等重点问题。成果内容力图在方向性、前瞻性、策略性和支撑性、实用性、落地性之间找到一个平衡点，最大限度地解决问题，为相关规划提供支撑。

（二）规划范围

大同市行政辖区面积14056km²，根据2017年修订的《大同市城市总体规划（2006—2020年）》，城市规划区面积2370km²，中心城区668km²。本次规划范围为大同市中心城区，包括御东、平城、口泉三大片区，现状建设用地149.2km²，现状人口144.3万人（图1）。

园林一词出现在汉代（公元1世纪），来自古代的游娱和畋猎范围，园聚如林；绿地源自古代的四旁植树和村宅园围，有着防风避晒、表道固地和生产实用功能；园林绿地系统是由若干园林、绿地和相关要素按一定的关系组成一个整体。当代的园林绿地系统一般占城市总用地的20%～38%。

图1　大同市中心城区组团结构示意图

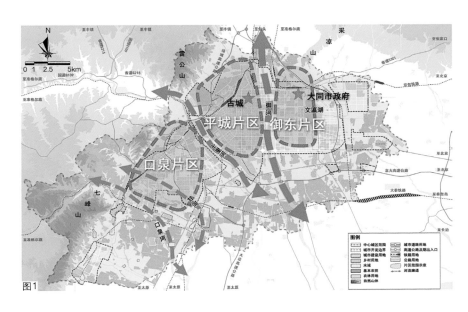

图1

（三）目标制定

规划以自然生态格局为基底，以国土空间涉绿资源要素为依托，以居民多元化的休闲游憩需求为导向，紧紧围绕"生态、游憩、景观风貌"三大基本职能的发挥，构建功能复合、结构完善、普惠共享、城乡统筹的城市绿地系统。

近期：2019—2020年，完成重点建设任务，加强近邻型社区公园、共享型游憩绿地建设，加强存量绿地挖潜增效和城市绿线管控，巩固城市绿化建设成果。

中期：2021—2025年，加强结构性绿地建设，完善城市绿地空间结构和多层级绿地游憩体系，逐步减少公园500m服务半径盲区，有序推进老旧公园改造提升、城绿协同发展和公园绿地管养运维新模式。

远期：2026—2035年，建设成为生态健全、总量充沛、布局均衡、级配合理、类型多样、效能提升、富有城市活力和特色魅力的生态宜居城市。

二、城市绿化现状及存在的主要问题

（一）城市概况

大同市位于晋冀蒙三省区交界处，地处黄土高原与内蒙古高原交接地带，平均海拔1000~1300m，为山西省第二大城市，省域副中心。大同市拥有2400多年的历史，为中国九大古都之一和中国首批24个国家历史文化名城之一，有"三代京华、两朝重镇"之美誉。大同市同时拥有"中国优秀旅游城市""中国煤都""国家新能源

示范城市""国家园林城市"等称号，文化底蕴深厚，人文景观丰富。

（二）城市绿化现状及特色

大同市中心城区具有"生态本底资源优良、山水格局特色鲜明、组团发展结构清晰、大型绿地精品带动"的城市绿化特色。现状城市绿地率25%，人均公园绿地面积4.98m²/人，人均实际享有绿地面积9.19m²/人（含建成区内4处风景游憩绿地）。公园绿地500m服务半径覆盖率47%，存在较多盲区，老城和口泉两大片区问题更为突出。

（三）存在的主要问题

从建设用地范围外看，绿色空间骨架结构不够清晰，没有形成完整连续的绿色生态隔离空间和网络化绿色廊道，带状林地断点多，林地斑块小而散，缺少大尺度森林空间；绿色空间资源全要素的综合利用不足，生态、游憩两大功能承载不足（图2）。

从建设用地范围内看，存在公园绿地分布不均、500m服务半径覆盖率低，方便居民日常游憩健身的社区公园等近邻型公园绿地少，专类公园特色不足、类型不够充分，老旧公园配套设施老化不完善，三大片区间公园绿地发展不平衡等问题，不能满足广大人民群众日益增长的多元化休闲游憩需求。另外，中心城区未能形成特色鲜明的景观风貌体系，道路绿化在展示城市文化意蕴和地域风貌特色方面作用不显著，有条件承载游憩功能的城市公共空间及附属绿地利用不足，公园绿地管护资金总体投入不足，水平参差不齐。

三、规划策略与主要内容

（一）结构布局

本规划提出构建"一屏为障、一环绕城、三心聚核、四廊贯通、多园镶嵌、绿带织网、组团协同、城绿交融"的中心城区绿地空间结构（图3）。

"一屏"指西北部山体及山前生态屏障区，发挥生态涵养、风貌塑造、森林游憩功能。"一环"指东南部农林生态涵养带形成的绿环，控制城市向东南无序扩张，具有生态服务、农业生产、郊野休闲等综合功能。"三心"指古城绿心、文瀛湖绿心、甘河绿心三处大型景观生态绿心。"四廊"指沿御河、十里河、甘河、口泉河形成的生态景观廊道，发挥生态保护、组团隔离、游憩和景观风貌塑造等功能。"多园"为类型丰富、均好分布、级配均衡

图2 中心城区林地分布现状图

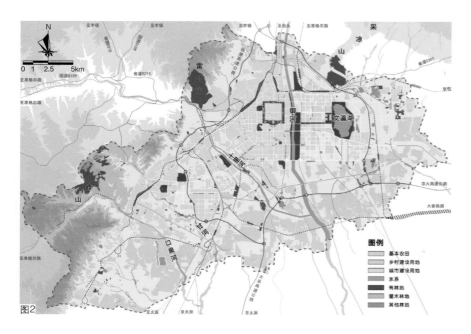

图2

的各类公园绿地。"绿带织网"指沿交通干道、河道形成的生态绿带和慢行绿色廊道，串联全市重要资源。"组团协同、城绿交融"即促进三大组团协同发展，构建体系完善、各具特色、交相辉映的城市绿色空间，使城市坐落在绿色环抱之中，城在绿中，绿在城中。

（二）构建区域统筹的生态安全格局

本规划着眼点落位于绿色空间全要素，提出"要素识别，资源统筹，体系完善，功能复合"的对策导向，充分挖掘绿色空间的生态服务潜能，基于系统思维，构建区域统筹的生态安全格局及分层生态保护体系，形成"基质—斑块—廊道"的景观格局模式。基质由西北部山体、山前生态屏障区及东南部农林生态涵养区构成，按照宜林则林的原则，通过整地造林和低效林改造提升逐步扩大城区外围森林规模总量，构建大尺度森林空间；斑块结构由大型生态节点构成，涉及水库及水源地、郊野公园、湿地公园、森林公园、风景林地等要素，按照锚固区域生态格局和景观风貌格局、完善游憩绿地体系的原则划定大型结构性生态节点；廊道结构由河流生态绿廊、对外交通生态绿廊构成，依托河流、高速公路、铁路两侧建设滨河绿廊和交通绿廊，形成区域生态格局的主骨架。

通过大尺度森林空间营建、城郊绿色空间赋能、绿廊连接，构建由西北部山体及山前生态屏障区、东南部农林生态涵养带、滨河及交通绿廊、大型结构性生态节点构成的生态安全格局，整体提升区域生态系统的连通性、稳定性和服务效能（图4）。

（三）构建城乡一体化的游憩绿地体系

本规划从基于城乡一体的游憩绿地体系构建、不同对象的分层休闲需求供给、量质并重的综合服务效能发挥三个角度出发，针对公园绿地存在分布不均衡、功能发挥不充分的问题，提出游憩绿地体系的构建思路和策略。

1. 城乡统筹，内外渗透，空间整合

以公园城市"公共、普惠、适用、系统、连接"的核心内涵为导向，构建"近郊风景游憩绿地—城市公园及共享型游憩绿地—小微绿地—绿道系统"全域四级绿地游憩体系，整合城乡各类绿色游憩空间，将公园形态与城市空间有机融合，内外连通，绿道串联，形成整合全市绿色开敞空间的绿地游憩体系。

其中，近郊风景游憩绿地体系，以资源依托、锚固结构、便捷可达、助农发展为选址因素，按照

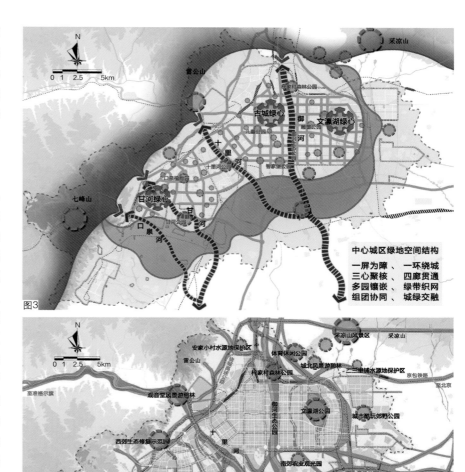

整体成环、分片发展的原则，构建具有郊野游憩、生态保护、农业生产功能的环城郊野游憩环，规划包括森林公园、湿地公园、郊野公园、风景名胜区、专类主题公园、风景游憩林地等14处多种类型的大型风景游憩绿地（图5）。

2. 系统完善，布局均衡，级配合理

规划着力解决公园绿地功能承载不足、级配分布不均的问题，提高布局的均衡性，指标体系分级配置，科学衡量，利用分层细化的指标，科学引导各层级游憩绿地的分布与增长（图6）。充分满足中心城区城乡居民休闲游憩多元化、差异化的需求，实现公园绿地体系结构完善，总量精明增长，存量增效赋能（图7）。

3. 增量提质，类型多元，功能配套

规划针对公园绿地500m服务半径覆盖盲区，寻求增绿实施途径，提出结合城市更新三类居住用

图3 中心城区绿地空间结构布局规划图

图4 中心城区生态绿廊及大型生态节点布局示意图

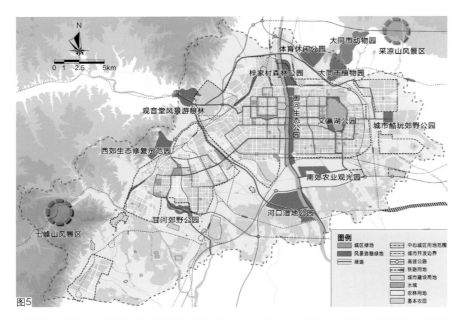

图6

图5 中心城区大型风景游憩绿地及风景游憩空间布局规划图
图6 人均公园绿地指标及分级控制示意图
图7 中心城区全域公园绿地体系布局规划图
图8 中心城区规划公园绿地500m服务半径覆盖示意图

地拆迁改造、低效商业用地腾退、防护绿地功能提升等策略增加公园绿地，使公园绿地500m服务半径覆盖率由47%提升至90%以上（图8~图10）。

本规划结合大同市历史文化资源特色及居民需求，规划城墙带状公园、儿童公园、智家堡公园等12处特色主题公园，以历史文化、科技智慧、植物科普、文化艺术等为主题，实现公园绿地特色化、多元功能化。并提出注重已建公园的改造提升，增加功能配置、提升品质及综合效益，保障公园绿地的吸引力和活力。

4. 开源挖潜，普惠共享，扩大供给

面对绿地增量受限的挑战，针对公园绿地分布不均衡、功能发挥不充分分区域，探索扩大游憩空间的机会和途径，提出居住区绿地挖潜赋能、单位附属绿地借绿开放、公共设施资源开放共享、历史文化遗产活化利用、屋顶绿化空间拓展绿量、小微绿地"见缝插绿"、街道空间重塑活力、都市农业拓展休闲功能、商业游乐活动空间挖潜等策略，最大限度挖掘拓展绿色游憩空间（图11）。

（四）构建城绿交融的景观风貌体系

本规划结合大同市山水都城整体格局与历史文化底蕴，结合片区发展定位，提出"大美晋北韵、同辉古今情"的园林绿化风貌特色定位，形成"四点、五核、三片、四带"的特色园林景观风貌结构，并从分区风貌、节点塑造、活力水岸、道路景观、文化表达、植物应用等层面，提出景观风貌体系构建策略（图12）。

老城片区以"端庄朴素、古韵悠长"为风貌特色，以凸显古城轴线和棋盘式街巷肌理为重点，针对古城历史风貌核心区、旧城火车站及绕城高速云冈出入口门户，通过文化景观塑造、街道景观提升、"见缝插绿"改造提升等园林绿化手段，保护和传承历史文化，展现晋北古韵。

口泉片区侧重塑造"简洁质朴、生机蓬勃"的风貌特色，结合甘河、口泉河水体治理和采煤沉陷区综合治理，改善片区生态环境，加强视廊

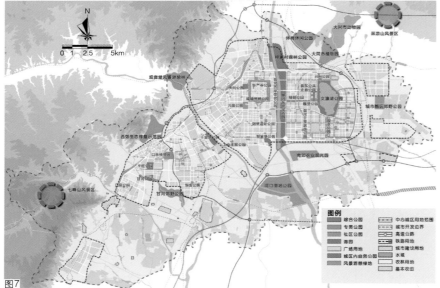

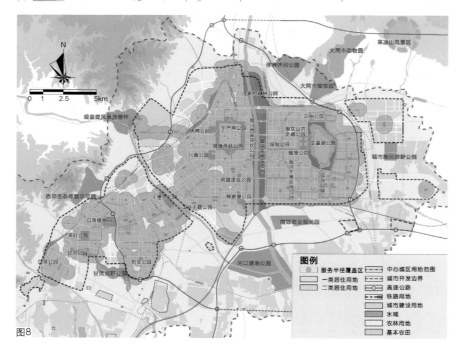

控制，重塑山城相望关系，通过工业区、棚户区城市更新改造，提升城市综合功能和环境品质，展现矿区新生。

御东片区凸显"多元时尚、舒朗大气"的风貌特色，坚持绿色生态引领发展理念，依托文瀛湖城市绿肺建设及御河滨水区建设，打造水清、岸绿、景美的城市河湖景观，推动水岸森林空间拓展和沿线资源整合提升，打造时尚都市滨水客厅，结合新城高铁门户、机场空港门户以及主要交通廊道建设，塑造绿色、时尚的高品质城市形象，展现新城魅力。

四、结语与思考

（一）存量背景下的"增量"思维

随着城市发展由量的扩张转向质的提升，城市新增绿地规模受限，城市绿地体系发展及公园绿地服务保障能力面临新的挑战。存量时代背景下的城市绿地系统规划应建立增量与存量并重的思维，通过存量挖潜，寻找"增量"机会，多措并举扩大绿地游憩空间，充分对接公众需求。

（二）着眼点从"城乡绿地"转向"绿色空间"

在空间规划"多规合一"的背景下，城市绿地系统规划也面临更高的要求。本规划着眼点从"城乡绿地"转向"城乡绿色空间"，统筹梳理规划范围内山水林田湖草各类涉绿生态要素，充分挖掘利用城乡绿色空间的生态、游憩服务效能。

（三）分层、分级构建科学化指标体系

在绿地规模总量及核心指标达标的表象下，需要研判公园绿地分布及级配是否均衡、功能发挥是否充分等问题。本规划基于公园绿地的实际用途和功能，将邻近建成区、发挥日常休闲游憩功能的生态公园纳入人均实际享有公园绿地指标中，并衔接国家标准建立综合公园、社区公园、风景游憩绿地等分级人均公园指标体系。同时从研究支撑和解决实际问题的角度，突破法定规划的深度要求，进一步研究绿地的功能服务承载及空间利用方式。

项目组成员名单

项目负责人：葛书红

项目参加人：刘凯英　邢至怡　马欣欣　王伟菡
　　　　　　林霖　蒋杰　高翔　梁佩斯
　　　　　　杨璠

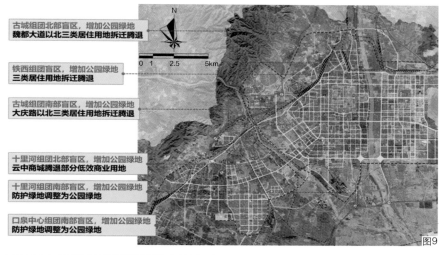

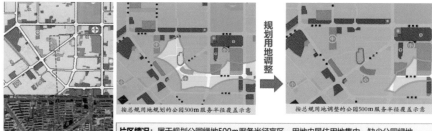

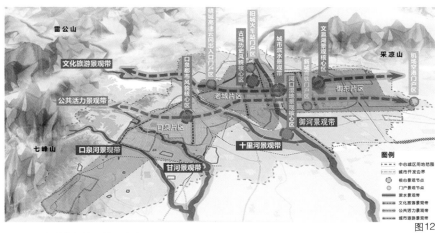

图 9　三类增补绿地区域及方式示意图
图 10　结合城市更新增补公园绿地示意图
图 11　扩大游憩空间典型地块及挖潜赋能方式示意图
图 12　特色园林景观风貌结构示意图

区县层级的公园城市建设规划探索
——以四川成都市新津区为例

成都市风景园林规划设计院／陈明坤　张清彦　李艳华

提要： 新津区基于公园城市理念，以"战略落实、指标细分、空间四定、场景营城、共建机制、分期行动"等构建体系化、高协调、有温度的公园城市建设规划体系，有效推动区县层级构建公园城市建设的双向传导机制和共建机制。

一、背景

公园城市是以人民为中心、以生态文明为引领，将公园形态与城市空间有机融合，生产生活生态空间相宜、自然经济社会人文相融、"人城境业"高度和谐统一的现代化城市，是开辟未来城市发展新境界、全面体现新发展理念的城市发展高级形态和新时代可持续发展城市建设的新模式。

从 2018 年初习近平总书记在成都视察首次提出建设公园城市至今，成都市从公园城市迈向高质量建设践行新发展理念的公园城市示范城区、高水平创造新时代幸福美好生活的新征程，自上而下构建公园城市理论体系、规划体系、政策体系、评价体系、法规体系等"四梁八柱"，组建市、区两级公园城市建设管理和建设发展研究机构，出台地方性法规《成都市美丽宜居公园城市建设条例》，开展公园城市内涵、形态、价值等专题研究、规划并编制技术规范与导则。同时，成都市各区县自下而上充分激发基层创新活力，因地制宜开展探索实践，充实精进理论。

二、公园城市建设规划定位与作用

（一）公园城市建设新挑战

在公园城市理论到实践的深度传导中，成都各级管理部门及建设主体面临着诸多新时代构建新城市发展模式的新挑战。

战略落实上，各区县能否精准践行公园城市理念；各区县、部门发展战略能否在竞合关系中准确衔接；区县自下而上的微观渐进式、动态化建设实践能否支撑宏观战略目标的实现。

机制协同上，实施层面能否贯彻政府主导、商业化逻辑，体现城市综合效益；是否建立了规建管机制的有效协同平台，有效融合各级职能部门的核心建设思路。

空间落位上，能否有效统筹协调各类规划的空间落位；以科学的技术支撑建设项目落地；传统的蓝绿空间管控机制能否支撑公园城市多元建设目标的实现。

行动计划上，成都各级管理部门及建设主体对基层建设运营管理的评估是否科学、运营是否可持续；区县对市级指标的特色化细分与落地能否全面实施；公园城市的重大项目是否及时纳入城市管理流程等。

（二）成都市开启首批公园城市建设规划先例

为充分承接公园城市理论及成都市委市政府关于公园城市建设的重大决策，系统化指导各区县从总体谋划转向创新实践行动，成都市公园城市建设管理局印发了《践行新发展理念的公园城市示范区——区（市）县公园城市建设规划的编制技术要点》和《区（市）县美丽宜居公园城市示范区建设近期行动方案（2020—2025 年）编制指南》，系统指导区县通过编制本地区的公园城市建设规划，制定近期行动方案，在公园城市的模式研究、指标分解、价值转化、品牌提升等各专项进行全面创新。

同时，成都以《公园城市示范片区建设申报指引和建设评价考核指标体系》推动对公园城市建设单元细胞——公园城市示范片区的申报、建设、有效考核，将其打造为公园城市的重要建设载体和行动平台。

三、构建公园城市建设规划体系

公园城市建设规划作为公园城市理论与建设实践的纽带，上承国家、省、市战略精神，下启区县的建设实施，推动实现"战略可落地、目标可量化、活力可持续、机制可协同、实施有弹性"的建设目标。

（一）以战略落实构建高传导性的建设规划

公园城市建设规划兼具系统化和在地化传导特征。它全面贯彻国家、省、市的理念、战略、路径，围绕公园城市的规划、建设、评价等形成系统化的传导体系。各区县既承接成渝双城经济圈、成德眉资同城化等区域协同发展战略，也深刻践行在地化的公园城市建设。

新津区紧密衔接成都市建设"创新为新动能、绿色为新形态、共享为新局面、协调为新优势、开放为新引擎、安全为新特质"的公园城市示范区的新时代背景，立足成都南大门、生态本底、绿色产业等优势，以公园城市理念重塑空间格局和经济地理，主动融入高质量发展示范区的区域战略布局（图1、图2），围绕"成南新中心，创新公园城"总体定位，以"超级绿叶＋全域旅游"探索公园城市的新津表达。规划将市委市政府关于公园城市建设的精神转化为行动纲领，提出了"区域联动升位、大美公园增绿、创新驱动提质、品牌营城助势、共享宜居聚流"五大建设行动，统领产业生态圈、生态网络、城乡社区等体系的构建，包括以TOD模式构建"人城产"集合体，全域划定产业功能区创新产业生态圈，创新产业载体和新经济场景体系；通过全域公园体系、绿道体系等锚固生态本底，构建"山连廊、水润城、田融村"的大美公园格局；构建新型城镇结构，全域推动共建共治公园社区等。

（二）以指标细分构建目标量化的建设规划

对标建设具有国家战略定位高度的"五中心一枢纽"超大城市，成都市以两山理论为指导，基于公园城市"人城境业"高度和谐统一，建立兼顾生态文明和经济社会发展的公园城市指标体系。各区县在此基础上，结合自身特质进一步聚焦细化、目标量化，形成体现其优势特色领域的细分指标体系。

新津区公园城市建设规划从"服务人、建好城、美化境、提升业"分类落实市级分解传导指标、市级部门职能任务分解指标、市级控制引导指标以及新津公园城市特色指标（图3）。其中多元化场景、5G基站覆盖率、保护林盘个数、蓝绿空间占比、农田景观化比重、新技术占比等创新性特色指标，充分契合新津区自然生态禀赋和绿色产业发展优势，体现了新津区公园城市建设创新驱动、绿色发展的领先示范。

（三）以空间四定构建多层次融合的建设规划

公园城市的首要核心价值是绿水青山的生态

图1 "三廊三片、协同发展"的区域空间格局
图2 成都市高质量发展示范区
（引自：成都市《关于落实新发展理念加快建设高质量发展示范区的实施方案》）

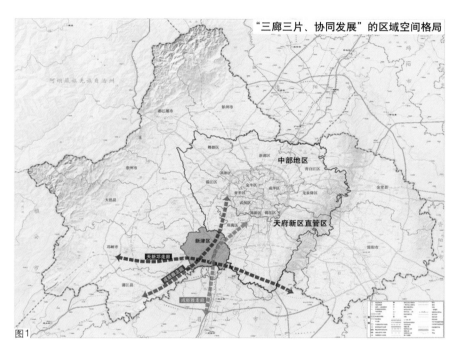

图1

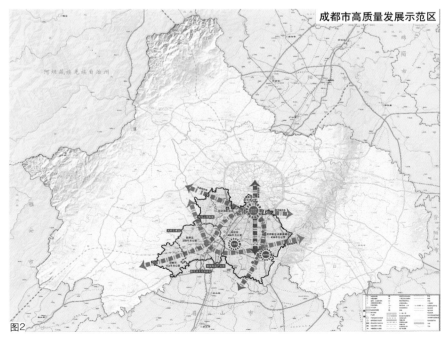

图2

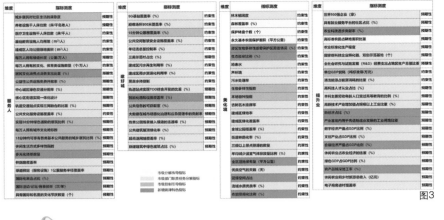

图3

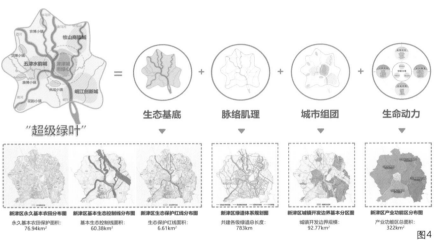

新津区永久基本农田分布图
永久基本农田保护面积:
76.94km²

新津区基本生态控制线分布图
基本生态控制线面积:
60.38km²

新津区生态保护红线分布图
生态保护红线面积:
6.61km²

新津区绿道体系规划图
共建各级绿道总长度:
783km

新津区城镇开发边界基本分区图
城镇开发边界规模:
92.77km²

新津区产业功能区布图
产业功能区总面积:
322km²

图4

图3 新津区公园城市建设指标
体系
图4 "超级绿叶"统筹三生空间
(部分引自:新津区国土空
间总体规划)
图5 新津区全域公园社区布局图
图6 新津区四级生活服务圈示
意图

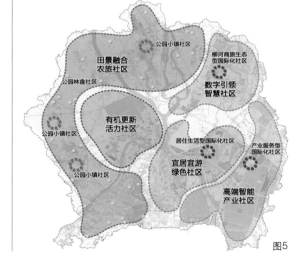

图5

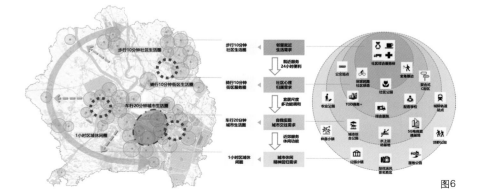

图6

价值,要求公园城市的建设规划突破传统建设规划
侧重建设用地的终极蓝图式空间规划思路,站位全
域高度,融合三生空间和"人城产"全领域专项规
划,优化自然保护和城市建设资源配置,促进高质
量发展。

新津区公园城市建设规划以"超级绿叶"统
筹三生空间,严格遵循国土空间规划对165km²山
水林田湿地自然生态本底的控制线管控,保护"超
级绿叶"的生态基底;衔接天府绿道,依托"五水
一江"构建783km新津绿道体系,打通"超级绿
叶"的脉络肌理;严守新津122.10km²(以新津区
国土空间规划最终划定为准)城镇开发边界规模,
重塑"一心三城四镇"城镇空间格局,打造"超
级绿叶"的城市组团;全域划定322km²、四大产
业功能区,构建高质量现代化产业体系,打造"超
级绿叶"的生命动力(图4),并进一步以公园城
市重点建设项目为平台和载体,制定空间"定性、
定位、定界、定量"的技术图则,支撑公园城市
建设深化布局。

(四)以场景营城构建有温度的建设规划

在公园城市"产城人"向"人城产"的营城
逻辑转变下,成都市始终以美好生活为核心推动
场景营城,提升市民的获得感、幸福感、安全感。
公园城市建设规划更具有"温度感",不同于传统
城市建设规划单一、模式化地以"人均用地""公
共服务设施用地占比""千人指标"等来"计算"
人本需求,更加立足解决人民日益增长的美好生活
需要和不平衡不充分的发展之间的矛盾,关注公共
服务产品供给的多元化、精准化和可参与性、可体
验性。

新津撤县设区后处于郊县向城区的跃迁阶段,
承担了成都市南部副中心和"三城三都"建设的重
要功能,公园城市建设规划基于原住居民、新进
产业人才、周边旅游客群、赛事商旅客群的精准
需求分析,提出建设数字引领、智能产业、田景
融合、宜居宜游等公园社区(图5),构建"步行
10min社区生活圈—骑行10min街区服务圈—车
行20min城市生活圈—1h区域休闲圈"四级城乡
公共服务共享体系(图6)。以全域公园空间为载
体,依托"公园+"三新经济发展,创新拓展"农
业太古里"主题消费场景、新型林盘场景、数字新
商贸场景、乡村主题文创场景等凸显新津特色的消
费、文化、生活场景的植入渠道,通过场景组织串
联城市端和乡村端,促进城乡融合发展,打造公园
城市高品质宜居地。

（五）以共建机制构建高协同性的建设规划

公园城市建设规划突破传统建设规划单一的空间管控内容和单线推进规建管的模式，更强调"共谋公建共治共享""先策划后规划""片区综合效益"，政府主导，商业化逻辑。新津区以产业功能区为平台，构建"1+4体制机制"（图7），统筹推进公园城市策划、规划、建设、运营、管理五大环节工作。以公园城市示范片区（点位）为单元，通过制定建设导则，发挥其资源整合、协同治理的作用。建设导则涵盖示范片区的顶层策划、系统规划、综合运营、维护管理的全周期开发引导控制；涵盖重点项目的城市设计、经济分析、商业化模式探索；涵盖多方利益主体共商共建共享共治的机制。比如，作为成都主城区外率先迈入地铁时代的区县，新津区以"TOD+5G"公园城市示范片区探索"物理＋数字"的双开发模式。基于TOD理念在技术、主体、利益边界上的实施难度，成立TOD领导小组，聘请顶尖TOD研究机构作为全流程顾问，以市、区国企招引品牌城市运营商进行TOD前瞻策划、一体化设计、标准制定、产业导入等，探索"政府＋政府顾问＋市县公司＋策划设计团队＋品牌城市运营商"的多方参与、全程连续、前后闭环工作架构。

（六）以分期行动构建实施有序的建设规划

公园城市建设规划是涵盖总体策划到年度计划的行动纲领，它融合各级职能管理部门、重要市场参与主体对公园城市建设的目标、核心思路、建设内容，构筑一个有计划支撑、有目标考核的行动体系。它以项目需求为导向，既有年度实施计划，也有年度考核评估动态监测；既总体评估各项建设推进，又对公园城市示范片区这一单元细胞实施年度评估。

为深入落实成都市公园城市示范片区的申报和建设考核，新津区公园城市建设规划提出在2025年前有序推进共计35km²，涵盖绿道型、郊野型、街区型、人文型、产业型、山水型六类场景为核心的公园城市示范片区（图8），打造为新津公园城市最重要的建设载体和行动平台。围绕示范片区的目标定位、产业类型，示范场景，秉承"政府主导、市场搭台、群众参与"的逻辑，融合人城产，

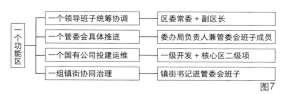

图 7　新津区"1+4 体制机制"
图 8　新津区公园城市示范片区
　　　规划布局图

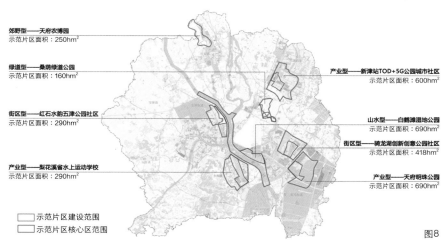

图8

完善生活配套、提升景观品质、创新产业链和产业载体，制定各类项目主体、内容、规模、进度系列行动计划，推进规划的有序实施。

四、结语

公园城市是在生态文明新时代和高质量发展新阶段开创的新的营城模式，关键是要加快形成绿色发展方式和生活方式，共建美好家园。因此，公园城市规划建设要体现新发展理念；体现以人民为中心的发展思想；体现以生态优先、绿色发展为导向的高质量发展要求；体现城市是一个有机生命体的系统思维。成都市建设践行新发展理念的公园城市示范区，开创了公园城市建设规划编制先例，有力推动了区县层级创新构建公园城市建设的双向传导机制和共建机制。本文以新津区为例，总结了几点公园城市理念下建设规划的特色，以期对新时代城乡规划编制体系和方法的创新探索有所启发和借鉴。

项目组成员名单

项目负责人：陈明坤　张清彦　李艳华
项目参加人：蔡秋阳　伍　玲　李晓娜　高　歌
　　　　　　苟丹丹　曾琳茹　巫呈碧　王　珏

生态文明背景下的公园城市建设探索
——山东青岛中德生态园公园城市建设规划

北京清华同衡规划设计研究院有限公司 / 周晓男　钱　源　陈　倩

提要：公园城市建设是城市高质量发展与人民高品质生活的融合，本文以中德生态园公园城市建设规划为例，探索区域观视角下的整体生态系统研究、山水观视角下的理想人居环境建设与中西交融视角下的绿色发展实践探索。

引言

2018 年 2 月，习近平总书记在成都首提"公园城市"的理念，强调"把生态价值考虑进去"。

公园城市理念是我国城市生态文明建设的最新成果，是对于理想人居环境实践的新答卷。改革开放以来，我国主要的人居环境实践有"生态城市""山水城市""森林城市""园林城市""生态园林城市"等，在各自关注的领域都发挥了相应作用，对我国的人居环境建设具有积极意义，但由于专注特定部门或板块，具有一定局限性。"公园城市"是对这些城市发展建设模式的继承与创新。

一、中德生态园概况

青岛中德生态园位于胶州湾西岸，紧邻胶州湾大桥，是中德两国政府在可持续发展领域合作的国际示范项目，承担着传播生态文明理念，探索未来城市的可持续发展路径的使命。

2018 年"公园城市"概念的提出，为园区高品质环境建设提供了新思路。通过开展公园城市规划与建设，一方面可以系统地打造高品质环境，提升园区国际竞争力与吸引力；另一方面对于发展建设中出现的绿地间缺乏联系、建成绿地使用率不高、滨海资源利用不足等问题，能够针对地进行修正与提升。

场地整体地势南高北低，区域范围内山"水林田湖草"海各类自然要素齐备，生态本底条件优越。丰富多元的自然资源为公园城市建设，提供了良好的生态与空间基础（图 1）。

二、中德生态园公园城市建设实践

（一）规划思路

1. 区域观视角下的整体生态系统研究

本次规划范围为青岛国际经济合作区（中德生态园）先行启动区一、二期范围，规划面积约 30.24km²。团队基于生态系统完整性的考虑，主动开展区域研究，将研究范围扩大到 186.73km²，实现从山到海的整体覆盖。通过对区域空间内的自然地理生态资源进行普查与评价，实现整个区域系统单元的山、水、林、田等生态要素的落位，为后续规划设计提供良好的基础。

2. 山水观视角下的理想人居环境建设

山水观反映的是对包括山和水在内的自然环境

图 1　公园城市资源基础

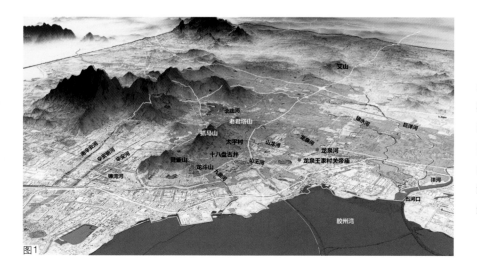

图1

长江经济带绿色发展中的生态修复探索
——以重庆广阳岛为例

中国建筑设计研究有限公司生态景观建设研究院／朱燕辉　赵文斌

提要： 从2017年重庆市委、市政府踩下大开发"急刹车"到2021年的"大保护"进程中，国家长江办支持广阳岛片区开展长江经济带绿色发展示范。广阳岛作为被授牌的第四批"绿水青山就是金山银山"实践创新基地，生态修复回望500年，展望50年，被精心规划的人与自然和谐共生的"长江风景眼、重庆生态岛"。

一、项目背景

　　广阳岛位于重庆主城铜锣山、明月山之间，枯水期面积约 10km²，三峡大坝 175m 蓄水位线上面积约 6km²，是长江上游面积最大的江心绿岛（图1）。

　　2017 年重庆市委、市政府深入贯彻习近平总书记推动长江经济带发展座谈会精神，对广阳岛上房地产开发建设，果断踩下大开发"急刹车"，将其定位为"长江风景眼、重庆生态岛"，并以广阳岛为核心划定 168km² 广阳岛片区对其进行整体规划建设（图2）。2019 年 4 月，国家长江办函复支持在广阳岛片区开展长江经济带绿色发展示范，广阳岛被生态环境部于 2020 年 11 月表彰，授牌为第四批"绿水青山就是金山银山"实践创新基地。

二、生态问题

　　广阳岛在大开发阶段，自然人文本底遭到严重破坏。一是生态系统逐步退化。岛内千百年来形成的小尺度梯田、自然水系等被破坏，生物多样性受到挑战。二是人文古迹大面积损毁。岛上原有田园乡村形态消失殆尽，留存的抗战机场遗址等历史文物年久失修。三是开发痕迹处处可见。岛内形成 2.68km² 开发地块，种植土被严重破坏，留下 7 个大土堆、25 处高切坡、2 处采石尾矿坑和 25.45km 市政道路。

三、生态规划

　　打破常规，创新生态修复逻辑，不以"园林思维"为规矩，不以"景区、旅游区"为方圆，不

图 1　广阳岛全貌
图 2　广阳岛区位图

图1

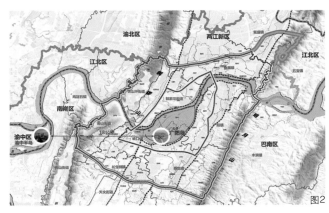

图2

能采用传统的规划思路。广阳岛创新总结"摸清本底、自然恢复、生态修复、生物多样性、生态设施、绿色建筑"六大生态修复规划逻辑。

（一）摸清本底

1."山水林田湖草"系统完整，大开发阶段自然本底遭到一定破坏

广阳岛内山岭纵横、江水蜿蜒，环岛有6km消落带，全岛成三大类地形地貌特征，山地、坪坝、坡地消落带，整体呈现"山水林田湖草"生命共同体系统完整（表1）。

现状土地利用表　　　　　　　　表1

序号	一级类别名称	二级类别名称
1	耕地	水田
		旱地
2	园地	果园
3	林地	乔木林地
		竹林地
		灌木林地
4	草地	沼泽草地
5	水域及水利设施用地	河流水面
6		坑塘水面
		沼泽地

山体沟谷纵横、局部裸露、边坡突兀。岛内水脉不畅、蓄水不足、水底淤积、自净不良、岸线杂乱、水质不佳。林木次生为主、斑秃明显、林貌单调，落叶阔叶林，森林覆盖率为35.9%。道路围田、土壤贫瘠、灌排无序。湿地丰茂、坡岸杂乱、坪坝斑驳。消落带涨落反季节、生境复杂。土壤贫瘠、石土相间、部分板结、养分失衡。

2.岛屿及周边区域物种丰富，但可持续不够

广阳岛6.44km² 的区域，动物种类丰富，其中鸟类和鱼类珍稀物种相对较多，但可持续物种数量不够。

原住民迁出后，农田退化，野化次生林价值较低，动物的隐蔽、繁殖、觅食场所缺乏，多样性受到影响。道路阻断绿色走廊，缺少地下涵道，影响动物迁移扩散。水域严重碎片化，影响水源类动物迁移扩散及大型水鸟隐蔽；湖塘岸线陡立，影响动物饮水和洗浴；水生植物单调，不利于水生动物生存；典型消落带植物不丰富，淹没的库区中水鸟缺少休憩场所。

3.广阳岛历史悠久，人文底蕴深厚

广阳岛的历史文化突出体现在三个方面：是巴渝文化的重要承载地之一；是世界反法西斯同盟浴血奋战的重要历史见证；是新中国发展历程的重要见证。

（二）自然恢复

整体保护广阳岛生态资源是"不搞大开发"的根本，按照"保护疏通、涵养生息"的整体保护原则，通过"划定生态线、串联廊道、保护安全格局"三大策略，岛内岛外区域联动，实现生物多样性、生态栖息地和生态格局整体保护（图3）。

（1）划定山林、湿地生态敏感地带。保护缓冲区域和生态控制线，控制人员进入及开发利用。在进入山林地的路径退让5~10m作为划定的生态缓冲控制线，区域内经梳理，以园林的手法完善山径沿途风景，恢复原乡风貌场景。

（2）保育广阳岛生态核心区。依托岛外片区7条长江支流水系以及城中山体，构建延续的山水生态廊道，加强广阳岛生态绿心、长江生态江岸和铜锣山、明月山生态屏障的联系，构建以岛为核心的放射型、网络化生态格局。广阳岛的大陆性岛屿特征与周边山水脉络一脉相承，作为重庆东部槽谷的鸟类迁徙廊道，岛内核心山地林区划为保育地区。

（三）生态修复

运用生态的方法、系统的思维，通过"护山、理水、营林、疏田、清湖、丰草"六大措施进行自然恢复、生态修复，保护好生物多样性。

（1）"护山"。通过"保护山体、修补山体、亲近山体"三大策略，根据开发强度进行分类。通过"轻梳理、浅介入、微创修复、系统修复"的方法，针对不同创面情况提出对应方案，达到"固土优先，联通廊道，生境健康，山形优美"的生态修复目标。

（2）"理水"。通过"引表蓄流、海绵净化、自然修复"三大策略，遵循地表径流自然积存、自然渗透、自然净化的自然规律，以保障水资源、水生

图3　生态格局整体保护

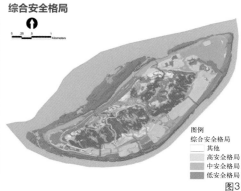

综合安全格局控制导则

安全水平	控制导则
低安全水平	"底线安全格局"：保障生态安全的最基本保障范围，需要重点保护和严格限制；禁止集中开发建设，保育为主。保护和恢复原生水体、生境，避免地质灾害
中安全水平	"满意安全格局"：需要限制开发，实行保护措施，保护与恢复生态系统；改善径流控制能力、水土保持能力与群落结构
高安全水平	"理想安全格局"：是维护生态服务的理想的景观格局；可以根据具体情况进行有条件的开发建设；减缓径流流速，提升生境连续性与多样性，力求建立良好的生态缓冲区

综合叠加水、生物、地质安全格局

综合安全格局

图例
综合安全格局
　　其他
　　高安全格局
　　中安全格局
　　低安全格局
图3

态、水环境为原则，完成广阳岛 15hm² (225 亩) 水域修复，构建广阳岛"九湖十八溪"的理水脉络。按照寻源探流、雨水渗蓄、水脉疏通、水量调配、雨水排涝、水质提升、生境修复和水景营造的八大步骤和山地理水成套技术进行理水。

(3) "营林"。通过"山林保育、林木提量、林貌提质"三大策略，保护岛内原生植物，留足植物自然恢复时间，完成生态修复营林 251hm² (3765 亩)。以适地适树、乡土树种，增量提质为原则，实现植被覆盖率恢复到接近 80% 的目标。结合具有水土保持、水源涵养的功能树种，选取桢楠、润楠为常绿阔叶林目标树种，构建近自然演替群落结构，呈现以长江上游亚热带常绿阔叶林为特征的风景林。

(4) "疏田"。通过"适地适田、润土润田、耕地作田"三大策略，梳理岛内农田结构布局，再现原有水田和小尺度梯田的肌理结构约 57.5hm² (862.5 亩)，包括果树、粮油、蔬菜、中药材、牧草五大产业。适地适田，改善土壤品质，恢复部分原有的水稻、油菜花、柑橘、向日葵等农作物的种植。

(5) "清湖"。通过"湖底清理、湖岸修护、湖水净美"三大策略，对广阳岛 17.6hm² (264 亩) 湖塘进行修复。通过优化湖泊格局，清理湖底、生态防渗、驳岸修复和净化治理湖水环境的生态修复措施，恢复湖泊积蓄雨水、农田灌溉、建筑用水、保护生物多样性的功能，提升湖泊生态价值。

(6) "丰草"。通过"适地适草、坡岸织草、坪坝覆草"三大策略，以乡土草种为主，适地改草，退耕还草，丰富草种，生态修复约 279.9hm² (4198.5 亩)。新增栽植陆生花草品种近 150 种、水生草本 40 余种，野化 40 种单品草种、80 种草花组合品种，大大丰富了草本生境群落类型。消落带河岸地带重点抚育巴茅、白茅、芦苇等乡土草本优势群落，提升鸟类栖息地功能。

（四）生物多样性

通过摸清本底，梳理生境类型，检测动物、植物、微生物种类；优化生境结构，通过"丰富—构建—提高"大三途径，优化包括河滩、湖塘、湿地、阳坡密林、阳坡疏林、阴坡密林、疏林草地、平原密林、观赏农田在内的九大典型生境。

通过提供觅食地、隐蔽地、筑巢地、濯洗地、休憩地的"精准服务"保护了原生物种，吸引在途物种。梳除一年蓬、葎草类入侵物种以减少干扰，保护广阳岛特定物种，为其提供赖以生存的栖息

地，适当提高景观连通性和异质性，实现生物多样性、栖息地和食物链的整体有效保护与提升。

（五）生态设施

全岛构建清洁能源体系，以"绿电"及清洁天然气保障，小范围使用江水源热泵、地源热泵、风能等清洁能源，实现清洁能源利用率 100%。构建绿色生态交通服务体系、慢行体系和电动公交接驳体系，达到绿色出行率 100%。构建"飞船式"固废循环体系，通过分类收集运输处理及岛内外的多元消纳处理系统，实现"无废岛"。生态化供排系统通过雨水优先、分布分质供水、江水调剂、岛外保障，达到岛内用水自求平衡。

（六）绿色建筑

顺山势，建筑填补，叠加一个立体的山水生态绿色建筑集群：打造以突出重庆山城步道观景游廊、巴渝山居为特色的广阳岛国际会议中心；以现状土台为核心，"连、堆、巧"塑造"生态北斗"主题形象的大河文明馆；因地制宜，运用新材料、新技术演绎具有巴渝地域文化特色的长江书院。绿色建筑展示了"长江风景眼"，提供了长江经济带生态保护与绿色发展的广阳岛实验样本。

四、创新研究

(1) 理念上聚焦生态和风景。广阳岛生态修复不是修建公园和景区，更不是修建旅游区，而是打造一个真正践行习近平生态文明思想的生态岛，还岛于民，以原生态、乡土味建设巴渝乡村田园风景，始终聚焦生态的风景和风景的生态 (图 4)。

(2) 理论上凝练最优价值生命共同体和乡野化理论 (图 5)。坚持节约优先、保护优先、以自

图 4 广阳岛生态修复规划总平面图

图4

图 5 广阳岛生态修复策略体系
图 6 广阳岛生态修复分区图
图 7 湿地湖塘修复前后
图 8 山地农田修复前后
图 9 高峰梯田修复前后
图 10 坪坝高峰农田区水系技术
       流程图

然恢复为主的方针，遵循广阳岛陆桥岛自然生态系统内在机理和演替规律，按照生命共同体的整体系统性、区域条件性、价值性、有限容量性、迁移性、可持续性六大特性，抓住"水"和"土"两个核心要素，结合"护山、理水、营林、疏田、清湖、丰草"六大策略，建设人与自然和谐共生的最优价值生命共同体。通过设计乡村形态、增加乡村元素、营造乡村气息、丰富乡愁体验，栽植野草野花、野菜野果、野灌野乔，融合国际化、绿色化、智能化、人文化的生态设施和绿色建筑，形成乡野化意境。

（3）实践上集成创新生态修复关键技术。广阳岛依地形地貌分为山地区约 4000 亩、平坝区

5000 亩和坡岸区约 6000 亩，山地区和坡岸区的消落带以自然恢复为主，平坝区分为上坝森林区 1000 亩、高峰农业区 2000 亩和胜利草场区 2000 亩，以生态修复为主（图 6）。全岛按照"多用自然的方法，少用人工的方法；多用生态的方法，少用工程的方法；多用柔性的方法，少用硬性的方法"对上坝森林、山茶花田、高峰梯田、宝贝果园、胜利草场、小微湿地等区域分类分项修复，并运用成熟、成套、低成本的生态技术、产品、材料、工法，集成创新原乡风貌、山地理水、巴渝林团、山地农业、艺术花田、平坝草场、小微湿地、消落带治理等可复制可推广的生态修复关键技术。

五、生态修复效果

经过近 4 年的自然恢复和生态修复，广阳岛还岛于民，变身为城市功能新名片，成为重庆共抓大保护、不搞大开发的典型案例，生态优先、绿色发展的样板标杆，筑牢长江上游重要生态屏障的窗口缩影，在长江经济带绿色发展中发挥示范作用的引领之地。

（1）山地区以自然恢复为主，改变次生林木约 275hm²（4125 亩），体现山地森林风景，巴渝原乡风貌。针对广阳岛常见林鸟红嘴蓝鹊、黄鹂鸰、珠颈斑鸠、杜鹃等主要群体，保护修复山地常绿阔叶林、常绿落叶混交林和次生林等森林栖息地，散布果树提供植物果实、种子。应用一体化植被再造护山技术体系，包括生态锚杆土工设施、土壤改良活化技术、抗侵蚀产品、植被群落建植法，稳固边坡表层，减弱雨水冲刷，恢复山体生境，为小型哺乳动物、鸟类、蛇类提供了庇护场所。

按照"寻源、探路、扶野、丰物、点景、宜人"的山地理水技术，引表蓄流、疏通溪沟，恢复湖塘（图 7）、整理山地农田（图 8），帮扶野生优势物种，修复院坝、田园步道，恢复"九湖十八溪"自然水脉，探索山地理水营林轻梳理浅介入的生态修复示范。

（2）平坝区以生态修复为主，传承农场基因，还原田园风貌约 237hm²（3555 亩）。高峰梯田坡地适地适田（图 9），综合应用示范六大策略集成修复策略，修复原有道路延续山脉，梳理山脉及溪流湖塘体系（图 10），综合应用透气防渗砂、硅砂蜂巢自净化储水技术、多级调水技术、智慧灌溉一体化技术等核心技术，还原岛内雨水自然积存、自然渗透、自然净化的能力，完成水资源跨时间、跨空间的合理调配及应用，实现水资源可持续利用目

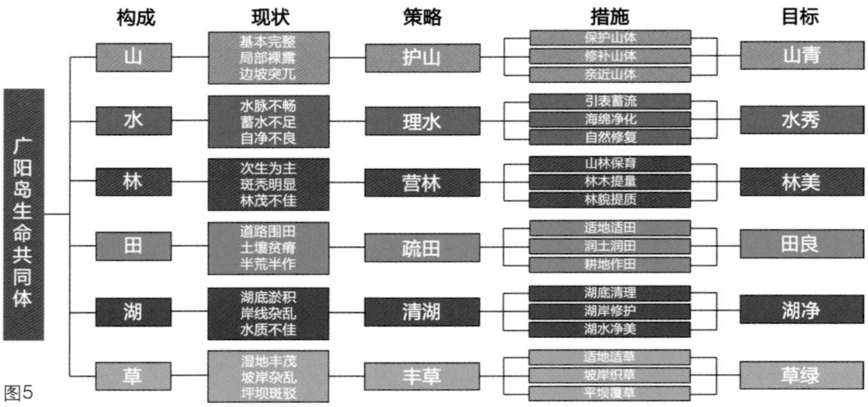

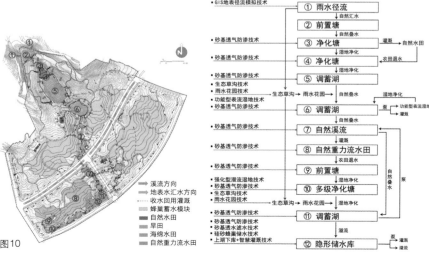

图 5

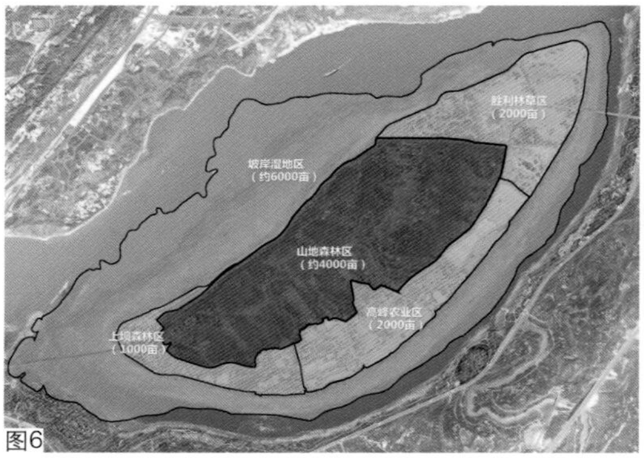

构成　现状　策略　措施　目标

广阳岛生命共同体

山	基本完整 局部裸露 边坡突兀	护山	保护山体 修补山体 亲近山体	山青
水	水脉不畅 蓄水不足 自净不良	理水	引表蓄流 海绵净化 自然修复	水秀
林	次生为主 斑秃明显 林茂不佳	营林	山林保育 林木提量 林貌提质	林美
田	道路围田 土壤贫瘠 半荒半作	疏田	适地适田 润土润田 耕地作田	田良
湖	湖底淤积 岸线杂乱 水质不佳	清湖	湖底清理 湖岸修护 湖水净美	湖净
草	湿地丰茂 坡岸杂乱 坪坝斑驳	丰草	适地适草 坡岸护绿 平坝覆草	草绿

图 6

图 7

图 8

图 9

图 10

标及水生态文明建设意义。

梳理汇水分区，疏通溪沟，海绵草沟传输，恢复水深 50～200cm 大型雨水汇集湖塘（图 11）、浅滩、溪流和孤岛、蜿蜒驳岸，满足鸳鸯、赤麻鸭等杂食性水鸟栖息觅食需求。利用既有农田进行小微湿地（图 12）改造，营建两栖类动物的保护地。

通过土地整理、良种良法、土壤改良等措施优化岛内农田布局，种植农作物 53 种，显著提升生产效率及潜力。运用果园生草、节水灌溉、种养循环等技术重构土壤生物群，还原田园生态系统，实现生物多样性。形成一幅独具广阳岛特色的巴渝乡村田园风景，成为巴渝现代山地农业绿色循环发展示范地。

运用草坪冷暖季型混播栽植技术、微地形输排水技术、草坪花境技术。形成东岛头胜利草场绿草茵茵、粉黛草田（图 13）野草萋萋、野花点缀、野菜遍野的原乡风貌。

利用巴渝林团技术，适地改土，运用微地形输排水系统构建林地适生条件，提升林相品质，栽植北碚榕、南方红豆杉、天竺桂等 19 种乡土珍稀树种，修复抗战兵营次生林地（图 14）、西岛头卵石堆积地，呈现丰色、丰花、丰果的四时林团风景。

（3）坡岸区为环岛 190m 高程之下的坡地和消落带区域，约 490hm²。堤防工程、硬质铺装、市政化种植，使消落带生态系统受到扰动。通过"营林、丰草"两大策略，以轻梳理、浅介入的方式，呈现坡岸区"生态带、科普带、风景带、游憩带"四带合一的生态体验之道。

以自然恢复为主，保护石梁、湿地、滩涂等自然资源，规划禁入式栖息地兔儿坪湿地。西岛头迎水面、兔儿坪过水面、东岛头顺水面、内湾过水面四大区段，采取"固土、扶野、搭窝"等具体措施引导生境的自我恢复。为广阳岛涉禽白鹭、苍鹭、水雉、环颈鸻等常见物种，修复芦苇、牛鞭草、巴茅、白茅等植物群落，形成鱼类、两栖类、鸟类的栖息地，最大限度还原不同类型消落带生态系统的原真性和完整性（图 15）。

利用老石板修复巴渝特色的老码头渡口；选择透气透水、生态友好的砂基材料修复 183 滨江步道，建造远可眺山环水绕、江峡相拥，近可观湿地滩涂、草长莺飞生态体验之道。

六、结语

广阳岛自然恢复优先，生态修复为辅，生态修复六大策略及十八项技术的系统性研究及示范性应用得以在长江经济带绿色发展的示范地中发挥引领作用。

项目组成员名单
项目负责人：赵文斌 朱燕辉
项目参加人：李秋晨 张景华 王洪涛 贺 敏
徐树杰 陈素波 王 龙 任百强
谭 喆

图 11 萤火湖修复前后
图 12 小微湿地修复前后
图 13 粉黛草田修复前后
图 14 抗战兵营杂木林修复前后
图 15 江滩修复前后

为新城添古，让文化可视

——新疆可克达拉市军垦文化旅游街区规划设计

中国城市建设研究院有限公司／吴美霞

提要： 可克达拉军垦文化街区项目通过空间、业态、景观规划将深埋文献里的城市厚重的军垦文化变成了可视的景观。

一、项目背景与难点

（一）项目背景

新疆远离中原腹地，自汉代纳入中央政权之后即开启了屯垦戍边的艰辛之路。新中国建立初期，10万人民解放军扎根天山南北的戈壁荒原，一手拿枪一手拿镐，担起拓荒垦田、守卫边疆的历史使命。经过60多年的快速发展，新疆进入新的纪年，由"屯垦戍边"转向"建城兴边"，按照"师市合一"的模式建设兵团城市，推动新疆持续繁荣稳定发展。

新疆生产建设兵团第四师（以下简称第四师）可克达拉市就是在上述背景下诞生的兵团城市，建立于2015年，城市驻地在伊犁河北岸，东邻伊犁哈萨克自治州首府伊宁市。本项目位于可克达拉市城区，项目地块西临伊犁河，北靠穿城水系，东接

朱雀湖公园，距离市政府约1.2km（图1）。地块分为南北两块，中间为连接"市政府前广场—朱雀湖—伊犁河"的城市水系和滨水绿地。地块用地性质为商业（B类），城市总体规划将其定性为"古商业街"。

（二）项目难点

（1）难以确定街区风貌。一座只有5年历史的超级年轻城市，要作古商业街，这个"古"追溯到什么时间？历史时间不确定，则古商业街的空间风貌就不能确定，设计工作也就无从开展。

（2）难以确定业态。如何塑造古商业街的文化魂？可克达拉市西边8km处是一座开发多年的清朝屯垦时遗留的惠远古城，东边25km处是国家级历史文化名城伊宁，面对两个如此强有力的竞争对手，古街依靠什么文化脱颖而出？如何作出有区别的"古"？

二、整体思路

（一）项目思考

由于战争的破坏、自然环境的变迁和城市化的发展，很多城市的历史和文化遗迹被埋藏在地下和史料文集中，不能被直观地感受到。可克达拉市城区建设只有7年历史，而且城区没有历史遗存，所以，看上去它是一座没有历史底蕴的城市。但是，这片土地的屯垦历史可以追溯到2000年前，在可克达拉市城区以外的广袤大地上分散着非常多的屯垦历史遗迹。

屯垦是伊犁河谷发展的动力。公元前105年，

图1 项目区位图

总平面图

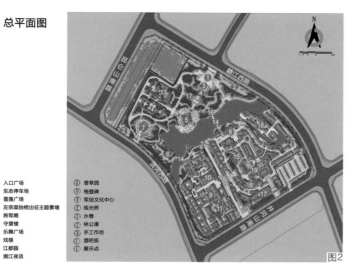

① 入口广场
② 生态停车场
③ 雪莲广场
④ 左宗棠抬棺出征主题景墙
⑤ 将军阁
⑥ 守望楼
⑦ 乐舞广场
⑧ 戏楼
⑨ 江都园
⑩ 湘江夜话
⑪ 香草园
⑫ 格登碑
⑬ 军创文化中心
⑭ 练光桥
⑮ 水巷
⑯ 林公渠
⑰ 手工作坊
⑱ 酒吧街
⑲ 展示点

图2

空间结构图

空间结构：一心·两轴·五区

❀ 一心
⟺ 两轴
◯ 五区

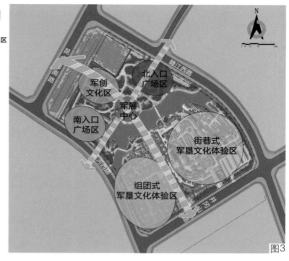

图3

西汉王朝的细君公主和亲乌孙王猎骄靡，其随行士兵在伊犁河流域垦荒屯田，这是西汉在新疆屯垦最早的历史记载，屯垦戍边成为此后历朝历代治理新疆的国策。清政府平定准噶尔部和回部叛乱、统一天山南北后，在伊犁河谷进行大规模屯垦开发并建设了伊犁九城，此举推动了伊犁河谷由游牧文明向农耕文明和城市文明转变，今天遗留在可克达拉市域范围内的卡伦和哨所都是清代遗迹，清王朝的屯垦奠定了伊犁河谷繁荣发展的基础。建设可克达拉市的第四师在1952年响应国家号召，脱下军装，扎根新疆，屯垦戍边，为伊犁河谷的经济和社会发展作出了卓越贡献。

伊犁河谷是旅游胜地。伊犁河谷是国内知名的旅游目的地，每年接待游客近4000万人次，可克达拉附近的伊宁市、霍城县、霍尔果斯市、果子沟、赛里木湖都是知名的旅游城市和旅游景点。著名的东方小夜曲《草原之夜》就诞生在可克达拉市，歌曲描绘的正是可克达拉市草原风光和屯垦战士的故事。

该商业地块适合发展休闲商业。经过5年的建设，可克达拉市城区能够满足城内百姓衣、食、住、行、受教育、就医等基本需求。随着城区人口的增加，城区需要活力和吸引力留住人、吸引人，需要能够丰富城区职住人群业余生活的休闲商业。项目地块位于市政府的正前方这一重要的位置，不仅地块中心有城市景观水系穿过，而且地块的南北两侧均是公园绿地，地块的交通和环境区位都非常适合建设休闲商业街区。

（二）项目定位

总体定位。彰显城市悠久的屯垦历史，挖掘对伊犁河谷区域最具影响力的清王朝在伊犁屯垦戍

边的故事，将其融入项目建设之中，将城市的历史和文化可视化，打造一条仿清式建筑风貌的文化休闲商业街区，破解上位规划中的"古商业街"。商业街融合吃、住、行、游、购、娱等多种业态于一体，突出军垦文化和红色主题，区别于伊宁老城和惠远古城的清代军事文化主题。

目标定位。优先满足可克达拉市本地市民日常休闲的需求，将其打造成为城市文化旅游休闲街区、城市夜间消费聚集区、城市的网红街区。另外，为来可克达拉市的游客提供住宿、餐饮、购物服务，促进城市旅游发展。

三、规划设计详解

以"军垦文化、园林艺术和商业功能"作为文化旅游街区建设的三要素，结合场地特征将项目地块划分为"一心·两轴·五区"的空间结构（图2～图4）。

图2 总平面图
图3 空间结构图
图4 全景效果图

图4

图 5　将军阁设计效果图
图 6　组团式军垦文化体验区功
　　　能分区图

（一）一心——军展中心

"一心"为军展中心，既是地块空间上的中心位置，又是整个项目的核心灵魂，突出整个项目的重点。

军展中心只有一座清式楼阁式展览建筑，名为"将军阁"，是整个项目中体量最高的单体建筑，

图5

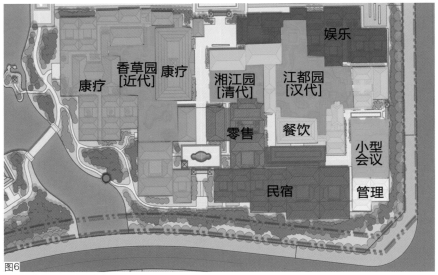
图6

目标是将其塑造成为可克达拉市的文化地标和军垦精神的丰碑。将军阁高 35.9m，采用 3 段台阶、5m 高底座、9 层踏步，隐喻三五九旅的英雄精神（图5）。

将军阁重点展示三类人的事迹：①为伊犁的发展作出卓越贡献的历史人物，包括左宗棠、林则徐、阿桂等；②第四师发展史上的重要人物，尤其是从中走出去的 118 名共和国将军；③近现代兵团楷模，包括舍己救人的宋乱气烈士、援疆干部王华等。

（二）两轴

轴线定乾坤。将用园林艺术的手法表现的重大历史事件沿轴线布置，体现守疆护土、保家卫国的家国情怀。

南北轴衔接城市文化轴线，表现这片土地的历史，是土地的脉络（土脉）和记忆，园林景观以发生在伊犁这片土地上的重大保家卫国事件为题材来突出轴线的主题导向性，设计了左宗棠抬棺出征收复伊犁的景墙、格登碑等园林小品。

东西轴表现建城人的故事，是人的脉络（人脉）和记忆，园林景观以第四师参与的秋收起义、长征、抗日战争等事件为题材，用花岗岩雕刻文字来讲述第四师历史和故事，塑造简洁肃穆的感觉，用平凡的园林景观衬托人物的伟大。

（三）五区

相比于"一心·两轴"塑造的刚硬空间和园林氛围，"五区"的目的是让人放松下来享受休闲时光。因此，五区的空间布局灵活，园林景观表现一些柔性、和谐、温暖的故事。

1. 街巷式军垦文化体验区

以灵动变化的街巷、凹凸有致的建筑、穿街的水系共同构筑出满足不同功能需求的商业街区，对应可克达拉市的"五个一"工程和特色资源规划 5 条街巷，将文化运用到街巷的景观风貌和业态规划方面（表1）。

2. 组团式军垦文化体验

规划 3 个集中连片式布局的组团街区，不同组团之间彼此独立，组团内部的建筑之间互相连通，每一个组团的中心位置有一个规模较大的中式庭院，整体形成中式多进院落式空间布局，方便经营住宿、会务、大型餐饮等业态；而且，组团内部环境相对比较安静，不受街道车水马龙的干扰。

每一个组团中心的庭院均对应 1 个主题，3 个庭院的主题分别为江都园、湘江园和香草园，对应

可克达拉市的"五个一"工程和本项目的 5 条特色街巷设计对照表　表1

可克达拉市的"五个一"工程	本项目的 5 条特色街巷
一壶酒：壮大伊力特酒的品牌和经济效益	酒吧街：将一壶酒的资源运用到商业街的业态上，设计一条酒吧街；规划一座伊力特酒品牌馆，介绍伊力特酒的诞生、发展的历程和荣誉；规划若干座军垦主题酒吧，在视觉景观上凸显年代感
一抹香：壮大薰衣草产业经济	花儿街：将"花"的概念运用到街道的景观风貌上，整条街布满的悬挂的花盆、摆放的花箱、各种造型的花钵；该街巷主营各类服装、饰品和薰衣草产品
一首歌：唱响《草原之夜》	音乐街：将音乐、艺术的概念运用到街巷的业态规划上，规划KTV、剧本杀、密室逃脱、音乐主题餐厅等主题休闲业态
一条河：治理好伊犁河	水乡岛：将水引入街巷，打造江南水乡风貌的特色休闲商业街巷，呼应20世纪六七十年代很多上海知青扎根第四师屯垦戍边的历史；建筑风貌和园林艺术上均对应江南风格，业态上以餐饮为主
一条大道：建设好717大道	兵团街：第四师下辖 20 个团，每一个团都至少有 1 种特产，其中不乏国家地理标志性农产品；将"一团一特色"运用到街巷的业态规划上，为每一个团都规划一个商铺，主营该团的特产

着汉代、清代和近代三个历史时期（图6）。江都园表现第一位和亲乌孙的江都公主刘细君的故事，刘细君以其悲剧的一生帮助西汉王朝打开了一个经营新疆的窗口。湘江园表现左宗棠与林则徐在湘江官船上就新疆问题彻夜长谈的故事，林则徐将自己在新疆整理的资料和地图全部交给左宗棠，并说"西定新疆，舍君莫属"，为后来左宗棠收复新疆奠定基础。香草园表现第四师第六十六团发展薰衣草产业的故事，打造以薰衣草为主体的香草主题园，既营造了可以观赏的特色园林景观，又为SPA提供香草原料。

3.军垦文化创意区

主要功能是发展军垦文化创意产业，其目标如下：①将可歌可泣的军垦文化转化为可以携带走、可以触摸、具有实用价值的文化产品；②充分发挥兵团将士的创造力，拓宽兵团的产业渠道；③吸引更多有创造力的年轻人落户可克达拉市，为城市吸引人才。本项目建成后，将为其制定和申请一些扶持文化创意产业发展的优惠政策，吸引企业落户本区域，推动文化创意产业稳定发展。

本功能区的各个建筑采用围合式布局，在建筑群内部形成若干个围合空间，其中布置充足的绿地和休息设施，作为企业之间开展业务交流和进行产品展示的空间。各文化创意企业不定期地组织产品展览展销会，其产品自身也是一种可以观赏或者体验的旅游产品，也能不断丰富本文化旅游街区的旅游产品。

4.南北入口广场

北入口广场按照市级游客服务中心的标准来建设，既弥补了可克达拉市没有游客集散服务中心的缺项，又起到了"近水楼台先得月"的作用：此处的"水"指可克达拉市级旅游集散中心，"楼台"指文化旅游街区，"月"指游客。

南入口广场平面轮廓呈"琵琶"形，隐喻琵琶是江都公主刘细君发明的一种乐器。

四、结语

本项目通过一条文化旅游街区的建设，将一座具有5年历史的新城所在土地上的2000余年历史展现在大众视线里，让游客和城内百姓能够直观地看到城市所在土地上的深厚历史，将埋藏在浩瀚字海中的中华文化更直观地展示在新疆大地上，这种手法相比于去博物馆了解城市历史和翻阅书籍寻找城市历史更加直观，更具有意义。

项目组成员名单

项目负责人：王玉杰

项目参加人：张　潮　裴文洋　李　凡

乡村全面振兴的全域全要素规划实践

——广东省连州市新农村连片示范建设工程

上海同济城市规划设计研究院有限公司／周晓霞

提要： 以全域全要素统筹为导向，重拾乡村核心价值，挖掘村庄发展动力。将文化价值挖掘和历史文脉传承作为新农村建设的重要抓手，突破单个村庄"点"的视角限制，扩大新农村建设的连片带动能级，强调新农村建设的连片示范。

一、项目背景和概况

2015 年广东省启动了第二批省级新农村连片示范区建设，连州市省级新农村示范区就是第二批示范区之一。连州市历史悠久，是广东省历史文化名城。本次选定的新农村示范区，涉及"西岸、东陂、丰阳"3 个镇内的 5 个主体建设行政村，是连州市古村落代表性最强、最为密集的区域，共有 2 个国家级传统村落，同时，示范片内 80%~90% 的村庄保存着古村落。

二、规划范围与规划研究范围

（一）规划范围

规划选取连州市西岸、东陂、丰阳 3 个镇中 S114 和二广高速沿线的马带、石兰、东陂、丰阳、朱岗 5 个行政村作为本次新农村示范片的主体建设村。依据各主体建设村的行政界线，确定本次规划范围的总面积为 34.41km²，其中马带行政村面积 13.31km²，石兰行政村面积 4.56km²，东陂行政村面积 2.67km²，丰阳行政村面积 7.83km²，朱岗行政村面积 6.04km²。

（二）规划研究范围

根据连州市 2015 年省级新农村连片示范区申报的实际情况，示范片从"东陂河—秦汉古道"沿线进行筛选。将 5 个行政村范围内"马带、石兰寨、东陂、丰阳、畔水"5 个自然村作为重点建设

名村，5 个行政村范围内的其余自然村作为示范村。同时依托秦汉古道和东陂河，选取沿线村庄作为辐射带动村，形成"连点、成片"的新农村建设示范片。最终确定打造名村 5 个、示范村 23 个，带动其他自然村 23 个。因此，根据"名村—示范村—辐射村"所涉及的行政村边界，划定本次规划设计的研究范围，面积约 193.34km²（图 1）。

三、规划构思

本次规划中的"古村落""跨行政区域"，是项目的特色，也是项目的难点。规划重点关注以下三个方面。

（1）突破常规视角的规划研究。突破单个村庄"点"的视角限制，强调新农村建设的连片示范，扩大新农村建设的示范带动能级，强化对名村、示范村和辐射村的分类建设引导。

（2）特色乡村历史空间的新时代演绎。将文化价值挖掘和历史文脉传承作为新农村示范片建设的重要抓手，充分梳理各村庄的历史文脉，以重拾乡村的核心价值为重点，以创新的设计手法重构乡村历史空间，突出对古村落的山水人居环境的保护与重现、古道驿站和商贸市井文化的保护与传承。

（3）乡村产业提效升级。结合农村综合改革试点和农业产业化现代化的发展，挖掘村庄发展的核心动力，构建"生态+""文化+""景观+""旅游+"的多维乡村产业升级路径，推动乡村产业提效升级。

四、主要规划内容

(一) 功能结构体系——基于地域文脉传承的特色功能定位

深入挖掘地方特色，传承地方历史文脉，保留乡村的古风韵态，以自身资源特色为基础，构建5个不同的特色功能区，突出连片建设的系统性引导。其中，马带传统村落人居环境示范区，以进士文化的传承为亮点，建设古村风貌特色突出的传统村落人居示范区。石兰乡土文化保护发展示范区，以岳家军英雄文化为亮点，发展文化休闲和文化创意为特色的文化功能休闲区。东陂旅游综合服务示范区，以东陂石板街特色美食、综合服务为亮点，衔接地下河景区，打造旅游综合服务示范区。丰阳古道驿站保护发展示范区，以再现古盐道市井文化为亮点，打造古道驿站特色示范区。朱岗（畔水村）美丽乡村建设示范区，以溪水环绕的村落风貌为亮点，打造美丽乡村建设示范区（图2）。

(二) 产业体系——基于旅游导向的特色产业引导

"生态＋""文化＋""景观＋""旅游＋"的特色产业引导。推进农村一、二、三产业融合发展，延长农业产业链，提高农业附加值。引入"可可用景观"概念，在水稻等常规农业种植的基础上，结合各主体村的基础条件，发展特色农产品种植，打造"一村一品"，马带以杂粮种植为特色，石兰以瓜果种植为特色，东陂以草药种植为特色，丰阳以蔬菜种植为特色，畔水以花卉种植为特色。同时，特色种植也作为乡村旅游的特色旅游产品。

(三) 村落格局——基于地脉、文脉的村落格局重构引导

尊重乡村的历史文化肌理，延续农村文脉，引导传统村落格局重构。其中，丰阳村突出"防御'城'"——"归田'街'"历史空间格局特色，以"古盐驿道"为主题，整合驿站文化、戏曲文化、民俗文化、红色文化，打造多元人文景观，重点再现铺头街的古道驿站商贸风貌。畔水村突出"水"的特色，梳理"以水为脉"的大线索，延续并强化水脉在村民传统生活中的地位（图3）。

(四) 绿道体系——贯穿片区的生态与人文交织的绿道纽带

对贯穿本区域的东陂河和秦汉古道两大线性要素进行梳理，依据东陂河现状，结合连州水务局东

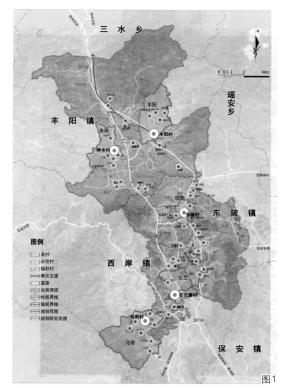

图1

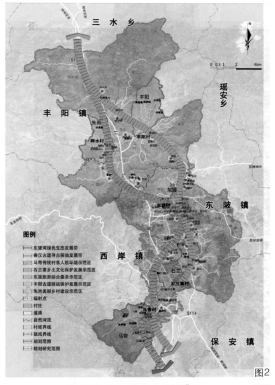

图2

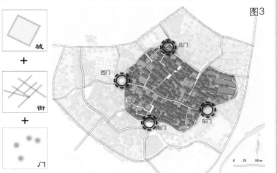

图3

图1 规划范围与规划研究范围图
图2 规划结构图
图3 丰阳村空间格局分析

图 4 绿道驿站设计
图 5 标识设计演绎
图 6 门户节点改造设计
图 7 丰阳村公共空间节点改造设计

陂河治理工程及连州市东陂河中小河流综合治理项目，构建滨水生态绿道。依托秦汉古道历史遗迹，构建人文绿道，以绿道作为区域联系的纽带，增强示范片的整体凝聚力，提升示范片的生态、人文内涵。将生态保护与利用相结合，变被动保护为积极主动的有效保护（图 4）。

（五）景观提升——基于历史文化元素的景观提升

利用乡村地区的"历史文化资源"和"乡土景观资源"，提炼特色景观元素，打造示范区的门户节点（图 5、图 6）。

图4

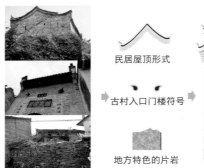

民居屋顶形式

古村入口门楼符号

地方特色的片岩

图5

图6

根据各主体村的自身特点，提出各主体村的景观控制要求，凸显"一村一韵"，展示和提升乡村魅力。

（1）马带村景观风貌控制突出"福佑"的主题。设置乡村公园，增加乡村休闲活动空间，设置健身设施，满足休闲、健身需求；设置联系山体、河流、村庄的连接通道，丰富绿道沿线的景观体验；公共空间及村庄入口设置进士文化墙等标志性景观构筑物，提升乡村的进士文化氛围。

（2）石兰村景观风貌控制突出"福气"的主题。见缝插绿、推动小花园、小果园、小菜园等"微田园"建设；公共空间及村庄入口设置英雄文化标志性景观营造，与岳荣岭交相辉映；石兰寨自身有丰富的片岩山石，在景观建设中应充分利用本地材料。

（3）东陂村景观风貌控制突出"福寿"的主题。公共空间、村庄入口设置长寿、养生主题的景观小品，提升乡村景观艺术性；对东陂重要的石板古街，主要侧重对沿街建筑的风貌整治，恢复其商业氛围，同时见缝插绿，利用闲置零碎的用地建设为小花园、小广场；对东陂河岸线进行景观美化，清理水面和垃圾，增加遮阴乔木，建设滨河景观带。

（4）丰阳村景观风貌控制突出"福音"的主题。公共空间及村庄入口设置戏曲文化标志性构筑物，提升乡村景观艺术氛围；延续丰阳的戏曲人文活动，使之成为丰阳独特的人文景观；恢复古村门楼前的风水塘，重塑场地历史记忆；整理联系村落、河流、田园的连接通道，丰富乡村游线串联的空间类型。

（5）畔水村（朱岗）景观风貌控制突出"福泽"的主题。注重滨水区域景观化，结合水系梳理、建设生态驳岸、亲水景观平台等。休闲农业景观化，以大尺度的果林、花海、麦浪为特色，丰富农业景观的视觉效果。农业景观艺术化，利用农作物材料建造艺术装置和小品设施，丰富农业景观，提升村庄的艺术气息。

（六）公共空间打造——"精神格局、传统文脉、休闲乡土"三位一体的乡村公共空间活化

用规划设计诠释出民生关怀，强调新农村建设中的乡村社区公共空间打造，传导具有凝聚力的新型乡村社区精神。将新型公共空间与村落传统的文化空间相叠合，通过村民日常的公共活动唤醒传统文化空间的活力。同时这些公共空间也为乡村旅游提供服务支持（图 7）。

丰阳人民礼堂：围合强化仪式性+日常功能叠加

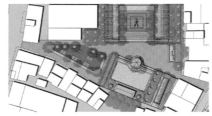

丰阳广场：围合形成焦点空间+日常功能叠加

丰溪古庙、古戏台一带：围合形成院落式空间+空间转换

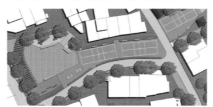

滨水游憩小广场：L形围合空间+滨水功能引导　图7

（七）乡村旅游——以文化传承为基础的乡村旅游

将乡村旅游业发展与现代农业、古村落保护结合起来，培育一批影响力大、带动作用强的乡村旅游示范点。同时，各主体村以资源为基础，策划特色旅游活动、旅游商品，强调差异化的"特色旅游"。重点打造马带进士文化主题旅游核、石兰英雄文化主题旅游核、东陂古街养生文化主题旅游核、丰阳戏曲文化主题旅游核、畔水美丽乡村休闲主题旅游核。

五、特色总结

（一）突破行政区划的创新规划研究视角

基于"整体连片"思维的规划研究范围拓展，广泛地进行资源整合。不局限于给定的规划范围，扩大规划研究范围，突破镇级行政单位的约束，站在区域的视角，统一规划，强调基础设施的共建共享，强调新农村建设的"整体连片"性。同时，凸显生态环境保护的整体连片，提升区域生态保护的规模化效能。

（二）基于地域原型的乡村环境整治特色路径

以地域文化挖掘为亮点，为人文历史型新农村建设提供了示范作用。重视各乡村历史文脉，提炼乡村特色，寻求各村庄的差异化建设途径。运用"风水学＋仿生化＋生态化"新型设计手法，重构村庄与生态环境格局，如马带村的"田螺聚福"、丰阳村古村落格局的恢复与精神凝练（图8、图9）。

（三）建设引导体系创新

建立"名村—示范村—辐射村"的村庄建设引导体系，并为下一层面乡村建设提供指导。以5个主体名村的建设控制为重点，深入研究5个主体名村的特色，强调5个主体名村的差异化建设方向和建设控制要求，并对其他村庄形成示范作用，为下一步的乡村建设提供了指导。通过名村带动，示范村联动，辐射村跟动，以点带片，扩大新农村建设的受益面，探索新农村连片发展的新路径，带动连州新农村建设迈入新阶段。

项目组成员名单
合作单位：同济大学　同济大学建筑设计研究院（集团）有限公司
项目负责人：金云峰　周晓霞　刘佳微
项目参加人：范炜　李涛　杜伊　杨玉鹏　陈希萌　姚吉昕　高一凡　顾丹叶　马唯为　方凌波

图8　马带村空间格局分析
图9　丰阳村历史文化提炼演绎

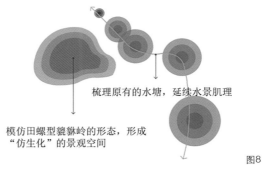

梳理原有的水塘，延续水景肌理

模仿田螺型貔貅岭的形态，形成"仿生化"的景观空间

图8

四方门楼捍卫四方，延续精神图腾守护村庄

门楼内部供奉南海观音
南门——"南极星辉"

门楼内部供奉北帝
西门——"奎楼毓秀"

门楼内部供奉孔圣人
东门——"紫气常辉"

门楼内部供奉真武大帝
北门——"光华复旦"

图9

高密度乡村的空间发展和文化传承
——江苏吴江盛泽镇沈家村规划设计实践

苏州园林设计院有限公司／胡　玥

提要： 通过项目实践，在产业、宜居和发展之间找到新的平衡，主动通过产业创造风景，从而引导产业向宜居方向发展。

沈家村隶属于苏州吴江区盛泽镇，是盛泽的西大门。盛泽镇作为吴江区两个主城区之一，是吴江高度城镇化的区域。对这个自然资源环境普通、人口流动大、经济发达的小村庄来说，最大威胁并不是贫困和衰败，而是被周边城镇发展吞并和蚕食（图1）。

团队制定了"发展规划引导＋空间体系规划＋点状建设激活"的乡村规划发展战略。战略在盛泽镇政府和村民的大力支持下，得到了良好的实施。现在的沈家村，已经从一个即将被合并的边缘小村，变成了盛泽镇的田园标志西大门。

一、规划思路

沈家村地处城镇远郊，周边交通基础设施良好，形成了大部分村民"城里上班，回村居住"的两栖生活方式，使这类乡村有较大的居住功能属性；而苏南人均GDP较高意味着村民有更大的动力扩建自己的房屋，形成高密度"拟城镇化"的乡村生活空间；村民不以农业作为主要收入来源，则造成了乡村的田园风光逐渐退化消失。

村里除常规的喷水织机产业和小型家庭制造业之外，还拥有一家苗木公司，主营枫树和金叶水杉。于是，设计团队以枫树产业为抓手，制定了"品牌—空间—文化"三步走的规划战略，从产村融合的角度进行切入，提高村庄的宜居度和吸引力，催化出村庄发展的内生动力。

（一）"枫情水乡"打响村庄知名度——乡村品牌经营战略

以现有的苗圃种植业为特色龙头产业，从美国、荷兰等地引进彩叶新品种，同中国林业科学研究院亚热带林业研究所等科研单位和大专院校专家进行合作，构建产学研一体化的特色苗木基地，发展营建以槭树科植物、金叶水杉为主的村庄产业品牌；同时也将槭树科苗木作为特色的村庄景观，形成"十里枫海""枫情水乡"的村庄形象品牌，提升村庄的宣传效益和知名度（图2）。

（二）乡村生活和人居环境的梳理和构建——空间体系规划

沈家村的居民以非农产业为主要职业，且人口以"在乡村居住，到城镇务工"的两栖人口为主，乡村的居住功能大于生产功能。对公共空间

图 1　沈家村现状特征

图1

村庄特色：高度"拟城镇化"，田园风光逐渐退化消失

高密度村庄建设　　相邻城区　　规划高等级道路

多元化产业发展

的忽视让村庄的整体环境散漫无序，整个乡村的宜居度和吸引力反而随着房屋和机动车的增多连年下降。

针对这一现状，乡建团队提出了两步走的空间战略。

战略一：划分"生产、生活、生态"空间界限，避免无序发展，保护田园基底。

梳理沈家村现有的水绿基底，将现有绿地分为四大类型：苗木产业林地、村庄外围绿地、村庄公共绿地以及房前屋后绿地。不同的用地对应不同的保护及提升策略。

战略二：在生活空间之内，推行"点、线、面"的发展方式，重点植入生活功能。

针对村庄空间狭长、开间小、缺乏停留点与设施等问题，确定了"点状提升、以点带线"的空间提升策略，通过三大节点的先导建设，分步实施空间规划（图3）。

三大节点功能各异。

（1）村庄南入口节点：打造景观风貌节点。村口集中了服务中心、主入口牌楼、入口小景园和农家乐等一系列功能设施，形成组团界面，树立田园乡村的形象品牌（图4）。

（2）休闲活动空间节点：塑造公共空间品质节点。对中心抛荒绿地进行集中改造，形成了以菜地、小游园、健身设施和儿童游乐设施为组团的共享活动空间，为村民提供了游憩、休闲等亲近自然的户外活动空间，集中展现田园风光，建立村民交流活动和文化传承的空间载体（图5）。

（3）公共交流空间节点：建立乡村文化集中空间。村庄开放空间非常有限。由于村民倾向于在村庄内唯一的村庄桥梁——金家浜桥上进行集中议事、纳凉、交流、讨论公共事务等集体活动。设计构建廊桥交流空间（图6），并在廊桥两端增加了茶室（根据泵房改造）和乡村居住展示空间（沈求我故居）。

（三）构建新时代文明乡风——乡土文化的建设和传承

沈家村的乡土文化并不在于复原其过去的历史，而在于其与时俱进的发展和魅力。因此应通过追溯乡土文化的根源和传承载体，来构建新时代文明乡风。

1. 党建引领乡村发展

村庄修建了乡邻中心、党建基地、村民乐活中心等一系列引领新时期村庄文明和健康向上生活方式的文化场所，成为村民文化集会的核心空间。

总平面图

 杉枫野秋：田园生产核心

枫月无边：水乡文化展示核心

凭水临枫：科普驿站

晓枫晨露：田园生活体验核心

栉枫木语：苗圃科研中心

餐枫饮露：水乡特色餐饮

枫华正茂：园艺文化体验中心

枫荷曲院：枫海田园民宿

图2

整治前

整治后

图3

图4

图5

图2 沈家村规划总平面图
图3 空间战略初显成效
图4 村口文化标识的建立
图5 休闲绿地改造后实景

图 6　金家浜桥改造后实景照片
图 7　乡村田园风貌的村居景观
图 8　服务中心和生态观光科普园基地

2. 村民议事制度

村庄也建立了"村民议事长廊"，开展"最美庭院""最美家庭"等活动，建立村民议事制度，发挥乡贤道德感召力量，促进村庄和谐稳定，发扬守望相助、崇德向善的文明乡风。这种制度也会激励年轻人参与到乡村事务当中，建立新一代居民的乡村归属感。

3. 田园精神回归

乡土文化的核心是田园精神，有了公共空间，村庄可以充分展现特色的田园风貌，形成村庄生活的吸引力。通过村庄内绿地的重新梳理，很多古树被发掘出来，形成了新的村庄聚集场所，增强了村庄的田园色彩（图7）。

二、项目总结

相当一部分苏南乡村实际上已经在时代发展之中选择了更适合自己的产业和发展方向。这些产业可能并不是我们想象的那么带有复古的田园色彩，有时也会带有一些第二产业的特征，如羊毛衫加工、丝棉被加工、苗圃种植等，这些问题往往使规划师和景观设计者望而却步，认为这种乡村严重缺乏田园色彩，不适合进行"田园乡村"的规划。

然而通过对沈家村的深入研究，我们发现这些"高密度普通乡村"实际上代表了以产业为主导的乡村发展中坚力量。这种发展模式从经济上来讲，其实是带有稳定而有力的先天优势。

在这个过程中，至关重要的并不仅是规划设计环节，而且是同村民的交流和沟通。村民的初期参与处于比较被动的状态。在项目实施的初期，村民对田园乡村的建设理解仍然停留在乡村美化建设阶段，甚至认为项目实施会破坏原有生活空间损害自身的利益。通过规划公示和几个节点的建设完工，切实提升了村民的生活幸福指数，村民的态度有了明显的改变。当村民参与进来之后，整个村庄会形成强大的内生动力。村民主动要求把更多的林地和菜地改造成景观用地，反而是我们需要劝村民保留一些农业生产用地。

2020年新冠肺炎疫情期间，活动空间为村民提供了户外分散活动的场所，受到村民的好评。2020年在村委会的带领下，沈家村挂牌成立了乡村旅游公司，开始进行初步的乡村旅游探索，建立了三家乡村饭店、一个乡村民宿、两个生态观光科普园（图8），实现了品牌化战略的第一步，并且已经开始吸引大学生回村就业。对于沈家村来说，这是一个令人期待的美好开始。

项目组成员名单
项目负责人：薛宏伟　胡　玥　肖　佳
项目参加人：李文菁　张海天　毛亚辉　李　舍
　　　　　　于梦卿

图6

图7
图7

图8

山东青州胡林古景区山地生态景观开发与建设实践

山东青华园林设计有限公司／宋仲钰

提要：地貌景观是由地貌相关联的气候、土壤、植被等地表生态要素组成的自然地域综合体，这其中又以山地形态分布最为广泛（占33%），从地理特征分析，山地本身具有一定的景观资源，比如地形、林相、谷地等，山地又多具有本身的生态系统自然基础：肥沃的谷地、易风化的分水岭、自然地表径流等等，海拔500~1000m的中低山和低山地貌又往往与古村庄聚落密切关联，其开发建设更是个长期的系列工程，生态的修复与保护、文化的挖掘与表达、旅游触点的建立与发展以及运行模式的创新与探索等，每个环节都彼此关联、互为资源，这其中生态的修复与保护是核心的基础。本文整个项目规划建设过程中融合了地理学、地质学、星象学、气象学、景观学、建筑学、生态学以及人体生命信息学等多种学科，其宗旨是周密考察了解自然环境，顺应自然，有节制地利用和改造自然，利用环境做改变，以创造良好的居住与生存环境为目的，赢得最佳的天时、地利与人和，达到"天人合一"的至善境界。

一、项目背景

青州市，山东省辖县级市。为古"九州"之一。因地处东海和泰山之间，位于中国东方，"东方属木，木色为青"，故名"青州"。本项目位于青州市西南山区的胡林古村，距离青州市区中心约26km，自233省道向南直通村落，出行较为便捷。村落南侧毗邻仰天山，东西两侧有大峡谷弯抱。胡林古村周边山体绵延，岭谷环绕，海拔500~800m，森林覆盖率达70%。区域内为喀斯特地貌，地下有溶洞及暗河。山体为石灰岩及火成岩石质，表面保留着古老的原始地质土壤，土质肥沃，适宜大多数北方自然植被及林木生存，为优质生态打下坚实的基础（图1）。

二、前期调研与相地理水

胡林古村位于青州王坟镇南部，北为衡恭王之墓，周边有泰和山景区、石门坊景区、仰天山景区，这片山川祖脉自南沂蒙山蜿蜒数百里而来，至仰天山驻扎，整个形局规整平稳（图2）。

有山皆是园，无水不成景。陈从周先生曾言："水，为陆之眼。"水为活物，无论是在自然景观还是在人造园林中，水都不可或缺，少之，则少自然生机。中国园林以自然山水为范本，无水不成园。园林需理水成景，与山石景观互相借资，方得天然之趣。

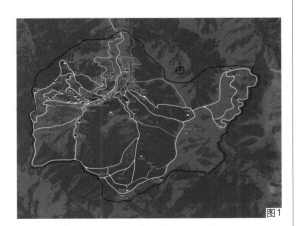

图1

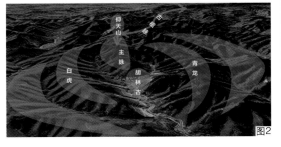

图2

图1　合成平面全景图
图2　胡林古规整的山势形局

图3　胡林古水口开敞的地势
图4　建成后水坝及形成的水景观实景图
图5　表面除险后的山石风貌
图6　自然山石展示出山体的雄厚之美
图7　石墙建设完成后实景图

而胡林古村却有着数百年缺水的历史。胡林古村除了季节性雨水，缺少四季长流之岩泉水，喀斯特地貌环境下地表缺水严重；而且山谷地势形成的水口开敞（图3），雨季山水一来便直泄而去，没有任何关拦停蓄可以存留。2014年项目建设前特邀山东省水利厅专家实地勘探水源，该地被定义为"无水区"。因此，项目首先需要解决留水的问题，制定了"先打井找水，再做水口关拦"的施工计划。先是根据传统堪舆易学方法确定打井位置，经过数月的艰辛，打出第一眼好井（301m），终结了该村数百年缺水的历史；然后又于2016年春天开始进行水系景观的建设，第一步即把村外水口拦住，后随坡就势修筑六道水坝，建"顺水桥"，既能挡土又能快速排水，还能保持古老村落的原始样貌。拦水坝蓄水后可以保持四季皆可观水，雨季形成的小飞瀑和梯田式跌水景观更是别有气韵的一道景致（图4）。

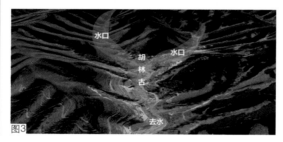
图3

图4

图5

三、生态修复与保护

（一）重塑原始山石风貌

胡林古村地貌属典型的喀斯特地貌，山坡上的石头是石灰岩经泥土和水共同溶蚀而成。而山体部分区域水土流失严重，再次填土较为困难，安全性也很难保障。为此，项目组本着低影响开发的宗旨，在尊重原有地质风貌的前提下，充分融合安全性与持续性，以及生态性、艺术性等因素，确定了先清理掉裸露山体上的所有砂石和碎石，然后对外露的山体表面作自然化雕琢修饰的策略，逐步还原胡林古山体的自然美感，恢复大山最真实的一面，黑色、褐色、灰色的石头层层叠叠，姿态万千，怪石嶙峋（图5、图6）。

（二）传承干垒石墙技术

特色的山石风貌得以保留后，项目组重点解决水土流失问题，首先对环村荒山土坡进行了台地化改造，原有的山坡斜面变成了层层台地平面，降坡处理大大减缓了雨季的水流冲刷速度与力度；随后处理石墙与山体的关系，石墙垂直方向的斜度设定为100∶7，每一道石墙的墙基必须与岩层相接，杜绝土层隔离，也不存在水泥砂浆填缝，让石墙遇到洪水时可以从石头缝隙中泄洪，防止特大洪水将墙底掏空造成坍塌；石墙转角作圆弧过渡处理，既节省石料又增加了整个墙体的强度，展现了刚柔并济之美（图7）。2018年、2019年连续两年，胡林古村遭遇百年不遇的暴雨，降水量分别超过300mm与500mm，石墙安然无恙。

（三）注重匠人精神的传承

传统技法需要经验丰富的人去运用，项目组召集了周边四五十个村的老年石匠加入工程建设。为提高农民收入，工程施工所招聘的工人中85%为本村及邻村的村民，在进行技术、安全培训达标后上岗作业。施工团队发扬新时代愚公移山精神，用先辈的智慧和自己的双手，改变着胡林古村。

图6

图7

图8 林木与山石景观自然融合
图9 生态农业种植区实景
图10 村民用传统工艺加工制作柿子产品

（四）重塑植被风貌

胡林古山上的原生树种以侧柏、黑松为主，兼有柿树、刺槐、泡桐、榆树、香椿。工程前期规划时进行了整体考虑，在建设形成的空白区内，我们根据总体布局主选以上树种进行单株点种或组团丛植，形成疏林草地式郊野景观。在靠近主干道等区域适当增加观叶、观花的乔灌草木，增强林带的色彩多样性，营造不同特色植物景观，增强山体景观的生态性、景观性和趣味性（图8）。在谷内原有的板栗、山楂、柿树、苹果、杏等可食果木基础上进行补植、扩植，完善出一条特色果木景观带；保留原有农田格局，规划为农耕文化体验区、生态农业种植区以及中草药种植基地等（图9），观光与创收并行，使景区的发展更加多元化。

四、阶段成果

项目自2015年开工建设，到今天已经整治了约1000亩荒山坡，砌筑了近50km长的石墙，包括各种田坝、水坝与护坡，用了大约5万m³石头，还有大量石砌台阶，全部就地选取，没有破坏一处原生山体。

在开发建设的实践探索过程中，着重寻找原生风貌与现代景观以及大生态之间的融汇协调。通过对整个山区的资源开发建设，生态环境的修复与保护措施，胡林古村面貌一新，这里绿水青山，空气清新，有淳朴的民风，幽静的古村，更有悠久的文化历史和丰富的传说故事。2020年7月10日，潍坊市旅游景区质量等级评定委员会发布正式公告，青州胡林古景区成功创建为国家AAA级旅游景区。

五、旅游业态发展规划

"企业+合作社+农户"开发模式的创新实践实现了乡村旅游促民增收。入社村民以承包土地和宅基地使用权入股，成为公司股东，景区的建设与发展与每个人密切相关，这有效降低了项目运行成本，同时又增加了旅游产品和服务属性中的原

生性文化氛围，增强了产品的吸引力，单就每年金秋胡林古漫山遍野的柿树林从观赏打卡到柿子采收、传统工艺加工制作这一流程便吸引了众多游客（图10），形成特色旅游亮点的同时，更为当地村民提供了额外的收益来源。

随着项目省内外旅游热度的不断增长和景区持续性开发建设，景区的未来发展方向也更加多元：高端文化引领、文旅深度融合、传统养生基地、综合产业发展。规划中的业态有：国家道家哲学会议永久性会址，山东省中部最大规模的党建团建基地、研学基地、露营基地、道家禅修辟谷基地、乡村文旅度假康养胜地，生态农业与中草药产业基地。山地景观的自然风貌，特有的宁静、绿色的环境给人以安谧舒适的感觉，登山观景、荫下散步、手作体验、冥想静修等广泛接触自然环境的活动能使人的精神完全解放，心理得到放松，体魄得到锻炼。

胡林古景区山地生态景观的开发建设工程既是景观工程，同时又是水土保持工程、小流域治理工程、高标准农业工程以及新农村建设实践工程。因此被誉为新时期愚公移山精神与红旗渠精神、第二个大寨，是全国乡村振兴的典范。该工程获得中国风景园林学会2020年度金奖工程；胡林古村获评全国乡村旅游重点村，借助景观建设拉动地区经济，促进当地文化业态的全面升级。

项目组成员名单

项目负责人：刘化龙　任贻刚　宋仲钰

项目参加人：刘花梅　张玉玲　耿祥祥　王蒙蒙
　　　　　　李冬冬　安　宇　杨　亭　刘星宇
　　　　　　聂佳佳

公园一词在唐代李延寿所撰《北史》中已有出现，花园一词是由“园”字引申出来，公园花园是城乡园林绿地系统中的骨干要素，其定位和用地相当稳定。当代的公园花园每个城市居民约 6 ~ 30m²/人。

城市公园的郊野化模式探索

——北京黑桥公园

易兰（北京）规划设计股份有限公司／唐艳红　魏佳玉　李　睿

提要：为生态“留白”，为城市“增绿”。易兰规划设计院基于“蓝绿交响、生态朝阳”的设计理念，从适用、生态、文化三个维度与城市进行对话，最终形成高质量现代化生态公园。

一、背景和原则

为生态“留白”，为城市“增绿”，位于北京市朝阳区崔各庄乡的北京黑桥公园是探索城市建设的一种新模式。北京黑桥公园在大纵深尺度上引入森林、水体，既保证了城市居民的生活需求，同时营造回归自然的生态景致；占地 122.53hm²，在楼宇林立的城市中退还一片连续的，生态多样的湿地、栖息地，这些自然的圣所。建成后的园区生态友好，景致宜人，设施完备，已成为当地全域景观生态示范性项目。

北京黑桥公园从适用、生态、文化三个维度与城市进行对话。通过规划水文、慢行与植被系统增强人与环境的互动，满足居民对城市生活各维度的需求。本着“蓝绿交响、生态朝阳”的设计理念，建立以“绿”为主题的都市绿肺体系，在公园中构造多样性的动植物栖息地；建立以“蓝”为主题的防洪排涝系统，净化黑桥公园所在水系的水质（图 1）。依托滨水公共空间激发城市活力，以规划主路——东营路为轴，串联园区内各景致和滨水景观区、童趣乐园、悦动天地、老年活动区、生态保育区、林地体验区、耕读文化体验区七个不同功能区。生态永续的理念通过亲水、自然环境的功能布局，曲径通幽的步道系统，雅致的小品设计全面塑造了公园的生态和社会价值，最终形成高质量现代化生态公园。

二、设计与文化对话

曾经的腾退地，现在的郊野生态公园，北京黑桥公园承载着周围居民对黑桥村的感情和记忆，是城市发展历史的重要见证，随着城市的更新，这片土地便有了新的历史使命。

（一）黑桥溯源

黑桥村的北小河是运河漕粮至通州运往都城的重要通道，黑桥则是北小河上的一座石桥，始建于元末明初，距今约六百余年。昔日黑桥经由勘察发掘，一同出土了三只石雕探海镇水兽。

而北京黑桥公园的设计充分尊重黑桥的文脉特色，不仅设置了历史博物馆，保留了黑桥遗址并收录了场地记忆，还通过多种尺度的亲水景致，延续了水造就的文化与精神（图 2）。

图 1　总平面图

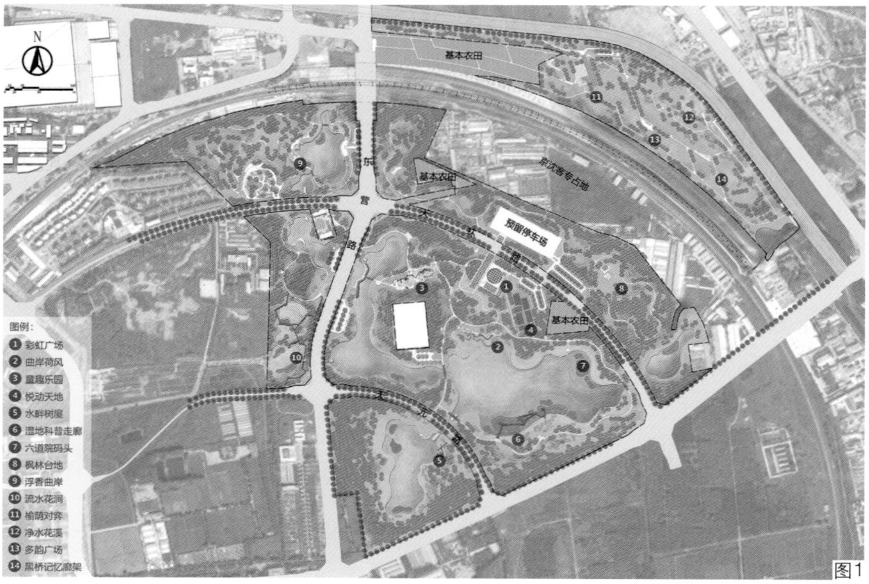
基本农田
京沈客专占地
预留停车场
图例：
1 彩虹广场
2 曲岸荷风
3 童趣乐园
4 悦动天地
5 水畔树屋
6 湿地科普走廊
7 六道院码头
8 枫林台地
9 浮香曲岸
10 流水花涧
11 榆荫对弈
12 净水花溪
13 多韵广场
14 黑桥记忆廊架

图1

图2

图2　木栈道及观景台
图3　保留现存大树
图4　流线型滨水景观区
图5　彩虹广场
图6　主要方案节点设计图及效
　　　果图

图3

（二）耕读文化

"耕读文化体验区"位于北京黑桥公园北园，设计遵循场地现状，保留原有林地并加以修整完善，林间穿插游览路线与部分休憩场地，为城市居民亲近自然提供现实条件（图3）。区域内的慢行绿道串联黑桥博物馆、黑桥遗址、花田与"乡情村韵区"，在怀往归林的自然荫蔽下包容文韵雅致的人为环境。

三、设计与人对话

设计团队秉承以人为本的设计理念，满足市民"多样性、多层次"的需求。打破公园与城市界限，让公园服务于城市，让城市回归自然。

图4

（一）亲水休闲

"滨水景观区"位于南园的核心位置，结合场地内湿地、生态廊道等郊野景观，设置湿地游赏、生态感悟等活动功能，增加景观的延续性、多样性，为游客带来丰富的游园体验。驳岸循水体的轮廓，以等高线的形式不做作地塑造人为痕迹，修饰层次丰富的亲水景致（图4）。

（二）娱乐健身

北京黑桥公园自一期正式开放，即吸引周边百姓、游客、儿童流连忘返，成为首都市民亲水休闲的好去处，日游人数已超过两千。尤其是"彩虹广场"和"儿童娱乐区"，其精心打造的亲水环境和益智游乐设施吸引了大批慕名而来的市民，成为儿童游乐、家长遛娃、消夏避暑的打卡胜地（图5）。

"彩虹广场"是北京黑桥公园的重要景点，是依据易兰追求返璞归真的设计美学，重拾儿时雨后戏水趟水的童年乐趣所重点打造的（图6）。彩虹广场由镜面亭、涉水池、L形树阵等组成。一

图5

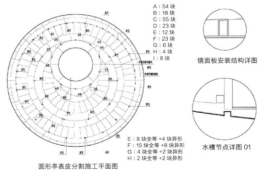

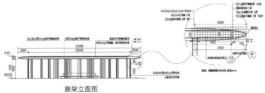

图6

图 7　镜面亭与涉水广场
图 8　活动场地
图 9　童趣乐园
图 10　廊道衔接、水景共融
图 11　多样性生物栖息地
图 12　驳岸设计

条 3m 宽斜向白色道路打破规整的铺装形式，将树阵、涉水铺装、镜面亭串联。镜面亭位于涉水广场东北侧，在平面上，位置与水景相交。园亭包括圆钢管立柱组合及其上支撑的圆形亭顶。圆形涉水池直径 43.2m，面积 1465m^2。水与镜亭相映，或水雾朦胧，或余音绕梁。涉水区共有 43 个完整的出水点，以出水点为中心，铺装采用圆形彩色 PVC 盖板。光影交融变幻的镜面亭与涉水广场，形成了北京黑桥公园一道亮丽的风景线（图 7）。

"童趣乐园区"为不同年龄段的儿童提供活动区域，打造适龄的活动场地（图 8）。为 2~4 岁的幼儿设置摇马、网兜秋千等简单安全的游乐设施，为 4~6 岁儿童提供攀爬网、吊桥、挖沙机等，为 6 岁以上的儿童提供金字塔攀爬架、蹦床、独木桥等（图 9）。

"悦动天地区"布置有篮球场、羽毛球场、排球场、乒乓球台、足球场，为居民运动提供场所。老年人活动区设有各种健身器械及休息座椅，便于充分享受自然，用自己的方式塑造生活文化。无障碍化设计覆盖各个活动区域，为有需要的人提供便利。

为了增强各个区域的联系，同时为周边居民提供更好的休闲健身空间，各景点之间以 1.5m 宽的彩色步道串联，步道全长 3.8km。游园既有曲径通幽，又有树影斑驳。有秋池弱水，也有泉漱琼瑶，不以直曲三五里，移步换景，在全面都市化的环境里思考褪色的生活气息。

四、设计与生态对话

（一）蓝绿交融

北京黑桥公园的设计充分保留场地基因，结合当地山水林田湖等生态资源，将"蓝绿交融"作为公园主题：打造以"绿"为主题的城市绿肺体系，为公园设计多种动物栖息地；打造以"蓝"为主题的防洪排涝系统，净化黑桥公园所在水系的水质。按照崔各庄乡地区"大生态建设总体规划"，将乡域内河湖水系串联起来，新增水面和湿地共 18 万 m^2。同时，连接温榆河绿色生态走廊，承载北小河防洪排涝功能，提升温榆河水系水质。设计师响应绿色海绵城市需求，采取"渗、滞、蓄、净、用、排"等措施综合提高雨水的利用率。场地内利用绿地滞留和净化雨水，回补地下水，采取恢复河漫滩、建立雨洪公园、降低公园绿地标高、沿路设计生态沟等多项措施。水边有树屋、亲水平台，沿岸更有片植芦苇、慈姑等湿生植物，形成芦花飞雪的野趣之境。

北京黑桥公园从北小河引水入园内进行净化和过滤，可持续、低能耗地解决景观水质、水量和防洪排涝问题。以人工湿地、湿地浮岛、雨水花园、生态明沟等诸多的生态工程和设施对水源进行渗透、滞纳、涵养和利用，有效控制雨水径流，对雨水进行回收利用和有序排放，补充景观用水。水体将成为公园整个系统及各种功能实现的有机联系

图7

图8

图9

和纽带。按照"水围城绕、蓝绿交织、水城共融"的标准，加快建设"绿色覆盖、廊道衔接、水景共融"的水生态空间，形成完善的排水体系，优美的蓝网体系（图10）。同时黑桥公园水系，为北小河水系分担蓄洪压力，降低了洪水期周边流域常水位，从而有效提高了整个流域的蓄洪能力，可以满足朝阳区50年一遇的洪水蓄洪量。

（二）生态保育区

园区最南侧设置生态保育区，该区域不设内部园路，最大程度减少人为因素干扰，保护公园内的生物多样性和环境多样性，仅在入口处设置观鸟平台（图11）。原生树木、灌木、草类构成稳定的植被组合，被用以固定河岸土壤。通过滩、湖等水域类型，结合复合层次的湿地植物群落、生态岛、软质驳岸及外围林地，片植鸟类喜栖的大乔木、常绿树、灌木丛及挺水植物，结合海棠类、金银木、柿树等浆果类、蜜源类植物，旨在为鸟类和小型野生动物提供觅食、营巢（水边、绿地、灌木丛、树上、洞穴等）、避敌、夜宿和扩散通道等栖息环境，使水陆栖息地的活力复苏（图12）。黑桥公园打通了与周边河道绿色生态廊道，构造多样性的动植物栖息地，运用乡土植物模拟自然植物群落，营造大尺度生态环境，平衡自然生态与城市生活的需求，最终形成高质量现代化生态公园。

北京黑桥公园建设初期，绿色生态魅力即已初显，2019年4月，公园还未开放即吸引了一群黑白相间的小野鸭移居至此。至今更多的鸟类鱼类以此为家，形成人与自然和谐同生的生态环境效益。

五、结语

通过蓝、绿连通和渗透为整个基地注入生态和游憩活力。未来黑桥将成为城市社区活力聚集、文化创新孵化的新乐土，使黑桥村迈向郊野公园的重生。作为定义活跃的社区生活的典范，北京黑桥公园成为周边住宅、企业、商业开发项目增长的催化剂，为经济的可持续性发展创造更多可能性。

（注：本文图片来自一界建筑摄影、彭已名、黄树生、易兰规划设计院）

项目组成员名单
项目负责人：陈跃中　魏佳玉　唐艳红
项目参加人：闫洪勇　王清清　郭　画　薛亚蓉
　　　　　　徐慧群　刘永杰　巫　仝　廖晓惠

图10

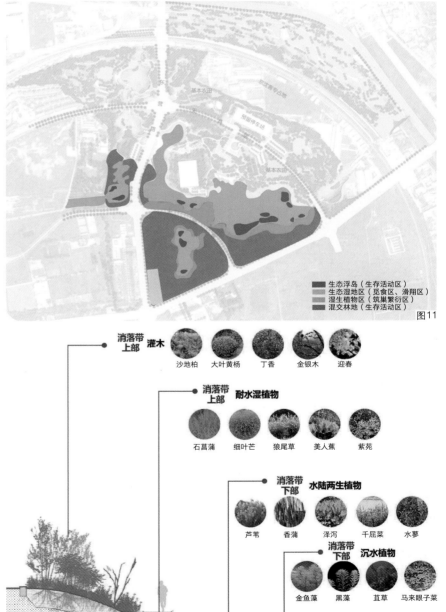

图11

生态浮岛（生存活动区）
生态湿地区（觅食区、滑翔区）
湿生植物区（筑巢繁衍区）
混交林地（生存活动区）

消落带上部　灌木
沙地柏　大叶黄杨　丁香　金银木　迎春

消落带上部　耐水湿植物
石菖蒲　细叶芒　狼尾草　美人蕉　紫菀

消落带下部　水陆两生植物
芦苇　香蒲　泽泻　千屈菜　水蓼

消落带下部　沉水植物
金鱼藻　黑藻　苴草　马来眼子菜

图12

基于儿童创造力的景观设计研究
——以第十届中国花卉博览会儿童乐园为例

同济大学建筑与城市规划学院／邵　敏

提要： 本项目通过花博会儿童乐园设计场景与应用场景的对比分析，探讨了如何基于儿童创造力特性进行场景营造。

引言

景观空间的设计，经历了"场地—场所—场景"的迭代。最初的场地是固化的空间概念。而在"场地＋设施"赋予了空间功能后，形成了提供人们发生各种活动的场所。当下的设计，开始更多聚焦场所中发生的活动，即场景的营造。

一、项目简介

第十届中国花卉博览会中，位于国内展区的奇苗蝶梦主题儿童乐园，是全园面积最大的公共儿童活动空间，占地约 1hm²。

临时性展会景观具有以下特征：

时效性——表现为在短时期内承担一系列重要活动，如开闭幕式、主题展览、新闻发布会等交流宣传活动；

体验性——展会将社会文化价值、生态价值和人们对城市空间环境的体验与需求引入到空间的概念之中，不仅利于构建展示景观与人的互动关系，而且也有助于展会主题的表达与理解；

可持续性——需在景观设计中考虑可重复利用设施。

由于展会的临时性和非常规特性，导致展会不重点展示部分的儿童乐园，往往沿用传统"场地＋器械"设计模式，因而缺乏创造力和吸引力。

二、儿童游戏活动创造力特征研究

目前国内儿童户外活动空间普遍缺乏对于儿童创造力及发散性思维能力的培养。儿童活动是自愿、自发的行为，呈现"随机而发，随机而逝"的特点，并且儿童的游戏有其简单而易懂的游戏规则。

三、中国花卉博览会儿童乐园设计要点

（一）场地布局

奇苗蝶梦儿童乐园基于自然环境、崇明精神和先进技术，以花苗和彩蝶为主题，西侧以益智为主，东侧侧重体能，南部以认知为主，北部重探索，期望通过丰富的空间和体验使游玩者感知自然万物成长的力量（图1）。

图1　奇苗蝶梦儿童乐园总平面

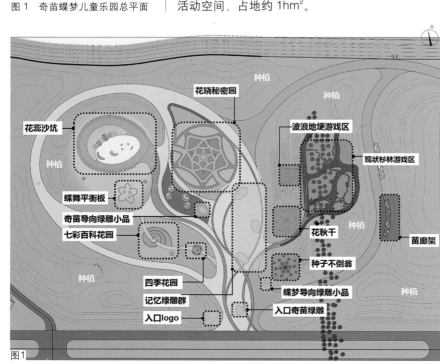

图1

（二）场景营造

1. 入口广场——灵活弹性的引力聚场

儿童乐园入口广场预留充足的入口广场空间，地面以彩色 EPDM 寓意活力生长，随铺装线性散置大树及花瓣坐凳，为临时举办主题活动的布展提供可能，满足了花博会的时效性需求。

非活动期间，开敞的广场和活力的铺装线形，将吸引孩子们进入儿童乐园，展开奔跑、嬉戏等一系列活动。

2. 杉林地埂——尊重场地的自然探险

东侧现状杉林游戏区，充分保护利用现状自然资源，基于现状地埂地形，林间穿插树桩汀步、鲜艳的苗形传声筒，营造林下探险的森林意趣的同时，响应了可持续办展要求。

波浪地埂探险区，以波浪地埂为基底，呼应现状地形，强化在地记忆。

3. 绿篱迷宫——体验主题的趣味解密

北侧花晓秘密园为花苞形绿篱迷宫，内置趣味性哈哈镜；西侧百科花园内图谱景墙如花苞形分布，展示童绘的花卉世界；以及东侧入口草坪上种子不倒翁以形态各异的蒲公英、向日葵种子等为原型，科普亦可互动，展现了花博会的体验性特征。

四、使用调研分析

（一）东侧体能游戏区

1. 设计预期场景

东侧杉林游戏区在林间布置树桩形态高低错落的汀步和色彩活泼的传声筒，期望孩子们能体验有别于城市的自然趣味。并且沿水杉林布置树桩汀步，形成环线。

东侧波浪地埂游戏区的竖向设计呼应现状地形，基于波浪地埂地形，铺植草网，峰谷控制在2m 以内，以提供孩子们在谷间奔跑追逐，在峰间跳跃挑战的场景。

2. 应用实际场景

活动热区：观察中发现杉林、自然野趣的花镜、鲜艳活泼的传声筒与树桩汀步组合的自然场景，吸引孩子们的同时，也吸引家长们前来拍照打卡，由于家长的停留，孩子们更愿意停留此处玩耍嬉戏；并且发现，游戏规则的易理解性对于活动的参与和创造力的激发尤为重要，在孩子解密出传声筒的玩法后，这片区域迅速聚集起了人气（图2）。

进一步地深入观察孩子们对于传声筒的探索，发现他们在了解传声方法后，开始了更具创造力的

游戏开发。传声筒的异形造型、不同的高度以及坚硬的材质，甚至安全柔软的地表，为孩子们的自发创造性挑战游戏创造了可能（图3、图4）。

而紧邻的波浪地埂游戏区，在置入可移动红色摇椅设施后，抢椅子和搬椅子的游戏场景就产生了。即便日照暴晒，孩子们也乐此不疲。

活动冷区：设计中杉林游戏区全域布置设施，而在使用中，发现活动主要聚集在汀步和传声筒密集处，或靠近场地中心的区域。杉林两端临近消极空间，因此难以产生有利的边界效应。

（二）西侧益智区

1. 设计预期场景

花蕊沙坑区以花蕊为主题，通过联想记忆的设计手法，引导孩子们开展认知和探索活动。橙色的铺装，赋予场地活力，布置属于家长们记忆中的童话主题绿雕，希望能成为家长向孩子讲述自己成长故事的话题，成为联系两代人的纽带，激发孩子们产生联想、探究、观察、发现等一系列行为。

西侧七彩百科花园内花苞形分布儿童绘本风格

图2

图3

图4

图2　亲子场景
图3　杉林游戏区探索场景
图4　杉林游戏区中心区域

图5

图6

图7

图 5　沙坑活动热区
图 6　西侧七彩百科花园活动冷区
图 7　设计之外波浪地埂雨后踩水坑场景

景墙，希望孩子们在层层叠叠的科普墙间穿梭，在游戏中学习到植物知识。

2. 应用实际场景

活动热区：实际观察中发现，沙坑是整个儿童活动场地的人气聚焦地，沙坑中放置的轮胎，成为最重要的游戏道具，激发孩子们无限的创造力，并且孩子们均从中获得成就、喜悦感，建立自信，进而被激发更多创造力（图 5）。

活动冷区：西侧七彩百科花园由于位置和空间的偏僻和封闭性，成为无人区，而其中固定的科普坐凳却由于体量形态成为男孩跳马的道具（图 6）。

（三）北侧探索游戏区

1. 设计预期场景

北侧花晓秘密园以植物花苞横切面为灵感来源，斐波那契数列式排布绿篱，通过控制可视高度，形成循序渐进的沉浸式迷宫空间。迷宫中布置棱镜，通过反射，营造出无穷无尽的秘密花园氛围，创造探秘的游戏体验。

2. 应用实际场景

在调查中发现迷宫是儿童乐园最无活力的节点。即便适当引导，孩子也难以继续探索。通过访谈探寻原因，分析原因可能如下：①迷宫缺乏引导性和游戏规则说明；②色彩和形态单一抽象，缺乏对儿童的吸引力；③游戏难度对于儿童过大，缺乏提示信息，并且仅一人通行的狭窄通道使孩子产生畏惧退缩感。

（四）"设计留白"的启发

通过经历从设计到实践反馈的全过程，发现很多激发儿童创造力行为的场景源于设计中的"留白"，而很多精心推敲，精细规划儿童游戏方式的设计之处反而限制了孩子们的创造力。

1. 可持续的绿色事实——去"预设"的自我表现的机会

现场沙子并非精挑细选、精致细腻，但是孩子

似乎并不介意，依旧赤脚玩耍，沙子的无形特性让孩子们沉迷于创造、挑战，并且从错误中学习或成长，从而获得自信感。

2. "锚"效应——引导的重要性

东侧杉林游戏区当产生了聚集游戏的场景后，成为东部区域的"锚"，吸引人们向此地汇聚，并为"锚"空间相邻区域带来人气。通过采访观察发现，出色的色彩和艺术的造型也是"锚"的要素之一。

3. 自发"随机场"——活动没有"菜单"

生活场景不是剧本，孩子们充满创造力的行为特征展开的场景，也不是设计师预设的"场景菜单"，正如东侧波浪地埂游戏区在现场捕捉到的"设计之外"的雨后踩水坑小场景（图 7）。

4. 弹性灵活的难度设置——可变特性和组合的延伸

沙子无固定形态的性质，可激发不同年龄段儿童的想象力，产生不同的游戏体验，这也是场地内沙坑比迷宫更受欢迎的原因之一。而沙坑与滑坡、滑梯、轮胎等的组合，使独立的场景间产生了联系，从而碰撞出更多的可能。

五、结语

儿童创造力行为的激发，需要打破固化设计模式，利用在地条件打造多样化的空间体验，通过趣味多样的色彩、形态结合易理解的游戏规则，激发儿童对环境的感知力和想象力，从而使孩子们能在游戏中获得自信和勇气，培养探索和挑战精神。

本设计中存在诸多可进一步优化及探索之处，尤其是如何将激发创造力和诉求进行巧妙结合，仍是亟待解决，需要深入研究的内容。

项目组成员名单
合作单位：上海市园林设计研究总院有限公司
项目负责人：鞠晓丹　赵卫彬　王琢琳
项目参加人：刘　洋　陈大飞　钱力强　邵　敏
　　　　　　李柳杨　贺雅婷　舒　茜　许函榕

"黏性"的社区公园设计

——以河北廊坊市三叶公园设计与建设为例

笛东规划设计（北京）股份有限公司 / 王　韵

提要： 在社区公园设计中，本项目通过增加场地之间、人与场地之间、人与人之间的黏性，探索了"黏性"空间设计概念。

黏性社区公园的设计出发点是通过对景观设计的元素重组及场地空间的集成优化，激发使用者和场地对话，进而促进不同年龄圈层使用者之间的社群交流。使社区公园成为高频使用的城市居民后花园。

一、社区公园使用调查研究

（一）社区公园的概念

社区公园是指具有基本休憩和服务设施，主要为一定社区范围内居民开展日常休闲活动服务的绿地。

（二）社区公园建设存在的问题

社区公园是城市公园绿地的重要组成部分，但现阶段多数社区公园提供的服务功能、游赏体验与城市居民日益增长的物质文化需求存在差距，导致部分社区公园未能发挥自身优势。根据调查，多数社区公园由于面积有限，呈现基本服务功能不足、活动设施欠缺、场地功能营造不足等突出问题，导致游园的模式和路径选择单一，功能和主题不明晰，参与性较弱，使用频次较低，主要参与人群以老人和低龄儿童为主，对青年人和中年人的使用需求关注不足。

（三）调查分析

基于对户外场地设计的需求，对不同年龄阶段人群的户外活动展开问卷调查，调查结果见图1。

通过用户需求调查发现，55%的成年人喜欢跑步打球，35%的老年人习惯使用健身器材活动，41%的少儿需要活动场地，37%的低幼儿热爱滑滑梯、秋千等娱乐设施。居住区组团绿地受到消防和建筑空间布局的局限，难以满足人们的使用诉求。比如篮球场地，因占地面积较大、噪声干扰，难以在居住区内设立；因场地空间局促，老年健身器械供给数量不能满足老年人实际康体需求；低龄与高龄儿童活动场地分区不明，导致存在高龄儿童跑跳对低龄儿童造成冲撞的安全隐患等。

二、项目概况

场地位于河北省廊坊市东北部广阳区，距廊坊东站仅800m，是未来面向北京的门户位置。三叶公园是沿城市北环道展开的带状公园，长度约为2km，宽度约为100m。三叶公园是城市马拉松公园的起点，其南侧将规划为大型的居住社区，是服务于未来的居住区的社区公园。

图1　用户需求分析

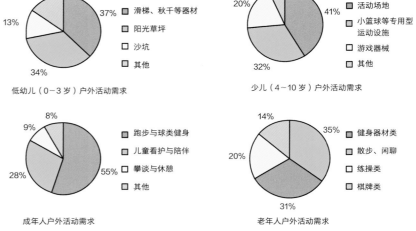

低幼儿（0～3岁）户外活动需求

- 37% 滑梯、秋千等器材
- 34% 阳光草坪
- 13% 沙坑
- 16% 其他

少儿（4～10岁）户外活动需求

- 41% 活动场地
- 32% 小篮球等专用型运动设施
- 20% 游戏器械
- 7% 其他

成年人户外活动需求

- 55% 跑步与球类健身
- 28% 儿童看护与陪伴
- 9% 攀谈与休憩
- 8% 其他

老年人户外活动需求

- 35% 健身器材类
- 31% 散步、闲聊
- 20% 练操类
- 14% 棋牌类

图1

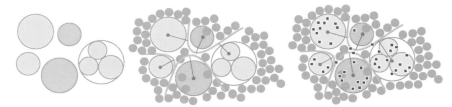

图2　PARALLEL　　　FLOWING　　　COMMUNITY

三、设计要点

（一）设计策略："黏性"空间设计

为了打破固有的传统社区公园活动场景，针对三叶公园提出了"黏性"空间设计概念，设计从三个方面切入（图2）。一是增加场地之间的黏性，打破传统串联形式的场地布局，并联场地，打造多功能集成的活动场地，模糊绿地空间和活动空间的边界。二是增加人与场地之间的黏性，相对于传统固定单一场地，在并联的活动场地中，人的行为活动是多方向性、多选择性的。结合通透式的种植形式，促进人们在多种活动场景中自由流动。三是增加人与人之间的黏性，在开放式的场地空间中，打破家庭单位分散式活动模式，通过场地设计重组社群圈层，丰富活动场景，增加人与人的黏性。

（二）设计布局

基于此理念，结合场地的功能，一个具有"黏性"的社区公园得以呈现，提供了覆盖全龄、安全、有归属感的活动场地，包括儿童活动火星营地、马拉松天空跑道、极限滑板营地；搭建社区平台，包括竞技运动场、星空环桥草阶剧场、智能马拉松跑道，场地间的渗透带动了社群间的互动；打造个性化的公园，如马卡龙彩虹桥、未来舱儿童活动场，增加公园的辨识度（图3）。

1. 入口彩虹桥

红色大蜗牛顶起了一道轻盈的彩虹（图4），蜗牛内暗藏一根结构支撑柱。彩虹桥不仅是公园入口的标志，也是车行入口的指引，将人和车的动线分开。彩虹桥作为人行的步道，桥的坡度设计较大，相对较陡的设计使"爬"桥成了一种乐趣（图5）。红蜗牛成了孩子们每天放学后都想来玩的公园地标。

2. 运动竞技场

由篮球场、五人制足球场和健身活动场地集成的多功能运动场，为热爱运动的人群提供了充足的活动空间，使用者自发组建兴趣社团，如三叶篮球俱乐部、三叶足球俱乐部等，竞技场已经成为具有黏性的社群平台（图6）。场地之间的渗透促进了不同社团圈层之间的交流和互动。

3. 极限营地滑板之家

滑板运动在年轻群体中很有人气，有众多的参与者。极限营地滑板之家是廊坊市广阳区内为数不多的可供练习滑板的空间（图7），为喜爱挑战的青年滑板爱好者提供了完美的社群营地。场地周边是艺术家自我表达的区域，五彩斑斓的图案是涂鸦爱好者的作品，进一步加强了人们对社区公园的参与感。

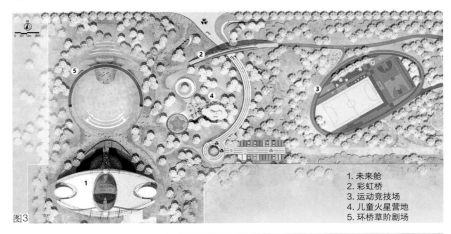

图3

1. 未来舱
2. 彩虹桥
3. 运动竞技场
4. 儿童火星营地
5. 环桥草阶剧场

图4

图5

图6

图2　黏性空间分析
图3　平面图
图4　彩虹桥下蜗牛雕塑
图5　彩虹桥
图6　运动竞技场

4.儿童火星营地

儿童火星营地是综合儿童活动场地（图8），既安全又具有凹凸肌理感的塑胶营地，为孩子们提供了探寻火星漫步的乐趣，多样的娱乐健身器械，使家长们在看护孩子玩耍的同时也能进行简单的健身活动，打造了一个人性的全龄活动空间，也增强了亲子互动的场景。

5.环桥草阶剧场

环桥草阶剧场（图9），开敞的波光草坪，由百米长的银河环桥环抱着（图10），桥面在铺装中点缀星光灯，浪漫的夜晚漫步星河，增添了景观美感和趣味性。下沉的波光草地，成为社群活动展示的舞台，律动的灯光打在草地上，仿佛碧草游动，动感十足。这里是孩子奔跑的乐土，是宠物跳动的乐园，是消夏音乐节的盛会，也是举办大型社区活动的开放平台。

（三）交通系统设计

从增加场地与场地之间的"黏性"理念出发，地块的相互渗透和交通衔接是设计考虑的重点之一。将园路与场地并联，增加场地间的联系性。道路呈环路分布，避免主次道路的断连，并且利用道路连通周边植物景观以及构筑物，方便居民行走观赏。按照人性化理念，道路设计与周围的地形景观、场地植物融为一体。入口处通过道路铺装将人行道与车行道区分，步行道主要采用火山岩拼PC砖，统一中又富有变化性（图11）。

（四）地形设计

场地中的地形营造也是设计中重要的构景元素之一，凸显了景观层次以及艺术性，富有空间的流畅性。通过地形的高低变化塑造了场地整体的美感，地形的起伏丰富了植物景观层次，将较高的乔木种植在地形高处形成了中景，低地势的微小起伏结合疏林草地展现了连绵悠远的意境，形成草阶剧场。儿童场地独特的地形起伏增加场地的趣味性和娱乐功能，更容易引起儿童的好奇心理。场地微地形的营造不仅增加了景观的多样性，也满足了人们的领域感和归属感（图12）。

四、结语

三叶公园的景观设计从人文关怀的角度出发，设计人员深入了解周边人群的基本需求，打造了一个集交流沟通、休闲游憩、运动健身等功能于一体，充满动感、活力、人文关怀，有参与感与归属

感的社区公园。三叶公园作为对城市社区公园的一次积极探索，将对社区公园的深入思考充分地反映在每一处设计细节上，展现了场地中人与人、人与场地、场地与场地之间的"黏性"，营造出一个功能完善、特点鲜明并具有吸引力的社区公园，活动场地成为人与人情感交流的平台，促进和睦邻里关系的纽带，使社区公园真正成为居民身边的"后花园"。

项目组成员名单

项目负责人：袁松亭　石　可　王　韵
项目参加人：鄢　峰　刘　瑞　周丽华　王培杰
　　　　　　刘　欢　刘小慧　李　毅　李　旭
　　　　　　阳　光

图 7　极限营地滑板之家
图 8　儿童火星营地
图 9　环桥草阶剧场
图 10　银河环桥
图 11　场地鸟瞰图
图 12　A—A′剖面图

图7

图8

图9

图10

图11

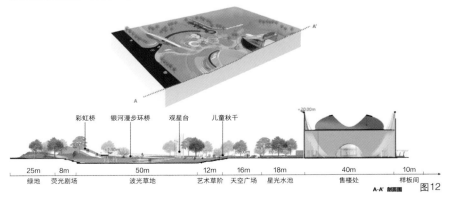

A-A′剖面图　图12

画衍经行，山水殊胜

——浙江舟山普陀山观音法界观音公园规划设计

杭州园林设计院股份有限公司／许沧海

提要： 普陀山观音法界观音公园规划设计以观音精神为内核，以传统山水画为摹本，借鉴历史上写意山水园的造园手法，融合场地周边环境，通过与观音文化相关的系列景观节点打造独具佛教韵味的山水园林环境。

一、项目背景

图 1　观音法界鸟瞰效果图
图 2　观音公园景点分析图

普陀山观音法界项目位于浙江省舟山市朱家尖白山脚下，规划面积 2150 亩，总建筑体量约 28 万 m²。普陀山观音法界是一个以观音文化为主题，融合弘法、文化传播、观光圣境等内容，集文化体验、艺术展示、文化交流以及观光服务等功能于一体的观音文化主题博览园（图 1）。

现状场地内部用地主要以农田和果林为主，并有农业灌溉水系穿过场地内部，场地内还有多处村落，场地北侧为白山风景名胜区。场地东侧有一处已建成建筑群为中国佛学院普陀山学院男众部。

观音法界的总体布置以香莲路为轴线依次展开，从东至西分别布局了普隐精舍、中国佛学院普陀山学院男众部及扩建工程、观音圣坛及观音公园、居士学院、正法讲寺五个功能组团，项目于 2020 年 11 月开园。

二、观音法界观音公园规划设计

（一）设计理念

观音法界整体景观设计理念为"画衍经行，山水殊胜"。

画衍——传统文人山水画家在对自然山水的静观和直觉中得到"虚空"，明心见性，而这都和佛教的"禅意"有一脉相承的关联。

经行——从与观音相关的佛教典籍中提炼代表观音精神的特质，营造各种体现观音佛理或精神特质的佛境空间，使人行走在公园内能体会到佛经的教义（图 2）。

山水——按古印度佛教描述，世界有九山八海，中央是须弥山，其为八山八海所围绕，公园设计提炼佛教"九山八海"的世界基本构造观，借鉴

图1

图2

传统写意山水园的造园手法，构建独具佛教特色的山水环境。

殊胜——通过将风、花、水、月、音等多种元素运用到意境营造中，在色、声、香、味、触多层次，打造独具佛韵的殊胜之境。

（二）总体布局

观音公园总体布局以观音圣坛为核心，以南北向中轴线为轴形成礼佛轴线，礼佛轴以南侧的山门为起始，向北穿过三般若桥（形制参照普济寺三桥），进入正中的观音圣坛，善财、龙女为对称辅楼，环抱于广场两侧。观音圣坛中轴线西侧为草坪湖泊区，作为信众、僧侣、游客集中游憩的公共活动空间，以与观音相关的民间文化及经籍法理为设计依据，营造各种体现观音佛理或精神特质的佛境空间。圣坛东侧为山林区，以山林溪流为特色，营造回归自然山水的行想之地（图3）。

（三）山形水系营造

在本项目中，山脉和水系走向大体呈环状结构，呼应设计中提出的"九山八海"的概念。公园内圣坛即是须弥山的象征，圣坛周围众山拱伏，主山突出，形成环抱之势。由于观音公园北侧即是白山风景区，故公园内地形未进行大体量堆山，圣坛西侧最高处地形堆高9m，三面围合，一侧面向水面，形成公园内最大的草坪区域。圣坛东侧最高处地形堆高7.5m，延接白山营造出溪山的氛围。主湖小南海南岸以微地形起伏形成余脉，在靠近城市道路一侧，通过竖向高度控制（以2~3m为主，在局部加高），形成与园区内的隔离，起到隔声效果，同时形成有竖向变化的风景林带城市界面。

观音公园水系面积约12hm²，中心湖小南海平均水深2m，主要有行洪、排涝、蓄水及生态和景观功能。水源为山体雨水汇流，原水水质较好。结合设计概念中提出的"九山八海"的整体山水格局，以观音圣坛广场为中心，在中心区域结合建筑的布局堆山挖湖，形成圈层环状的山水结构。传统山水理论中描述水形态的词汇有岛、矶、池、山溪、河、海、滩、汀、瀑、湖等，观音公园水系基本涵盖了水体的大多数形态。观音公园小南海水面最宽阔，突出"海"的意境，呼应设计中观音慈悲如海的概念。大草坪区域临近北侧入口广场处也留出一较大水面，展现"湖"的风貌。圣坛东侧以三级叠水及山石水岸形成溪流及瀑布的景观效果（图4）。

图3

观音公园
1 法界总门
2 三般若桥
3 慈音广场
4 观音圣坛
5 善财楼
6 龙女楼
7 修慧谷
8 个个个
9 净玉台
10 行念谷
11 非想处
12 大草坪
13 水月台
14 生态岛
15 香雪海
16 声闻渡
17 停车场

三、详细景点设计

（一）声闻渡

《楞严经·耳根圆通章》中提到："彼佛教我从闻思修，入三摩地。"即是说，契悟菩提到三昧的方法，从耳根始。观音公园由西北入口东侧延伸至水边，广场中立"凝滴水纹"雕塑，"水滴"入"水"而成涟漪，又由岸边波纹状台地"汇入"溪水中。步入此中，以所见之直观景象而感受到流水"若有所声"，从而引导游客驻足聆听。

（二）行念谷

两个山体形成峡谷，上有廊桥连接，可通往小南海区域，桥下有小路，作为草坪区与圣坛之间的通行路径，小径两旁铺砂石，两侧山体景石点缀，佳木葱茏，山谷间有播放佛教音乐的音响，整体构成一个意境空间，取名行念谷（图5）。

图3 观音公园总平面图
图4 观音公园整体鸟瞰图

图4

图5

图6

图7

图8

084 |风景园林师2022下|
Landscape Architects

图5　行念谷实景图
图6　非想处及大草坪实景图
图7　个个个实景图
图8　净玉台实景图
图9　修慧谷实景图

（三）非想处

大草坪北侧的山麓林中设置供僧众静坐观想的平台，高低错落有致，取意非想非非想定之意（图6）。

（四）个个个

此景之胜有三，一在于竹景，二在于竹声，三在于铃声。普陀山的紫竹林传说是观音菩萨修行得道之地。因此，可以选用延绵的紫竹来营造"夹径萧萧竹万枝，云深幽壑媚幽姿"的意境。中国自古就有"十之伽蓝八九植竹"的说法，可见竹与佛教文化的渊源之深。而铃铛作为诵经时使用的法器之一，有惊觉、欢喜、说法三义，鸣铃以供养诸佛。微风拂过延绵的竹林，沙沙作响，风中的铃铛清脆短促，悠扬漫开。风吹竹动，雨滴翠竹，置身其中，尽消尘俗的烦恼，禅既在刹那，又在永恒，变幻无常，生生不息（图7）。

（五）香雪海

源自《华严经》中的梵语"普陀洛迦"，意为"一朵美丽的小白花"。在圣坛东部水系两侧的场地上营造连绵起伏的山坡，在山坡上种植大面积的草花以营造白色的花海。花海中设立游步道和观景台，供游人在花海中漫行或驻足观赏、静思，以不同方式充分感受观音的圣洁，以及壮观的"洛迦花海"之圣境。设台于原有山坡最高处，可旷揽四周，得超然之境。

（六）净玉台

传说观音手中净瓶能降慈云法雨，于观音公园西侧中部水岸边设计草坡台地，周边植柳树，并通过含有净瓶元素的景墙与廊架的组合形成一处停留的节点，既可临湖赏景又可远眺圣坛（图8）。

（七）修慧谷

此地位于观音公园西侧岛屿区域，环境清幽，山谷环绕，水系居中，置一亭于水面上，进园需先过空门，在精神与环境上形成与外界的隔离，营造一处静想修行之地（图9）。

（八）枫林晚

位于观音公园岛屿区，正对大草坪区域，山坡以枫林为特色景观，顶上设架空观景平台，上有木构筑物可停留休息，漫步其上，远眺圣坛，眼底秀色尽收。

图9

图 10　缘觉渡实景图

（九）缘觉渡

缘觉指独自悟道之修行者。即于现在身中，不禀佛教，无师独悟，性乐寂静而不事说法教化之圣者。声闻与缘觉，称为二乘，此节点位于观音公园西南入口，通过洗米石铺地结合景石布置，在云形的空间中营造出如有禅意的氛围（图 10）。

（十）望月桥

位于大草坪区域与小南海连接处，桥梁采用传统木构建造方式，呈拱形，站在桥上既可远眺圣坛，也能观看西部大草坪和岛屿山景。

四、种植设计

由于佛教场所中的植物不但具有丰富的园林景观作用，更有利于悟道，因此在设计中充分考虑了植物的形、色、味及其本身所隐喻的佛教含义，通过与建筑、山水的搭配，创造出能够使人入静入定，超凡脱俗的心灵感受。观音法界的种植注重对空间维度和时间维度的双重考虑，通过疏林密林的植物景观空间呼应"九山八海"的整体山水空间格局，利用四季、节令、气象等时令变化中的不同景象，营造富有变化及引人入胜的植物景观。

在观音公园的种植设计中，特色种植整体分为佛光树影、洛迦花海、红枫坡、众香水岸及紫竹林五个主题区域。

佛光树影：以七叶树为主干树种，并搭配枫香、银杏、无患子等色叶树种，在阳光明媚的日子，在圣坛西侧形成佛光普照的盛景。

洛迦花海：以《华严经》中梵语"普陀洛迦"意为"一朵美丽的小白花"为出发点，在圣坛东侧的山溪旁，将普陀水仙、栀子、葱兰等白色系花卉进行大面积种植，营造"洛迦花海"之壮丽景象。

众香水岸：在佛教经典中用各种美好的气味来比喻圣者的五分法身，尤其常以香来比喻戒德的芬芳及如来功德的庄严，在小南海的南侧水岸营造一些亲水的空间，临水乔木姿态优美，中层以暗香疏影的梅花和飘香怡人的桂花为主，水面种植菖蒲、荷花、睡莲等观赏效果较好的佛教植物，形成四时花开、芬芳馥郁的美好景象。

紫竹林：普陀山的紫竹林是观音菩萨修行得道之地之一，因此，选用延绵的紫竹来营造"夹径萧萧竹万枝，云深幽壑媚幽姿"的意境。

五、结语：对设计实践的思考

项目整体山水营造以中国传统自然山水园林为蓝本，并隐含了佛教中"九山八海"的概念。在竖向设计中通过对大的山水骨架的打造形成了主次分明，有众山拱扶，又有余脉绵延，并有微地形起伏的山水空间。在构筑物设计中，因地制宜，结合场地环境设置了多个与环境融合的景观建筑，如山顶的架空平台，跨山谷的行念谷建筑，水岸边的净玉台景观构筑物，以及管理房及厕所若干。在景观节点打造方面，设计从与观音相关的佛教典籍中提炼代表观音精神的特质，营造各种体现观音佛理或精神特质的佛境空间，使人行走在法界内能随时体会佛经的教义，打造一部靠行走阅读的山水自在观音经。

项目组成员名单
项目负责人：李永红　江哲炜　许沧海
项目参加人：董　政　赵婷婷　王　昱　陈静宜
　　　　　　李晓曼　王　璐　陈　静　陈　朕
　　　　　　鲍侃袁　杨小女

地域文化和生态智慧的综合性公园
——以湖南长沙滨水新城月亮岛生态区为例

南京市园林规划设计院有限责任公司／田　原　李浩年　刘惠杰

提要： 银星湾公园、江滩绿带以地域文化和生态智慧为设计原则，是兼具"形象展示、生态休闲、城旅融合"功能的综合性公园。成为湘江流域最具美丽的滨水休憩地，长沙最浪漫的爱情地标，望城的门户空间。

一、项目概况

（一）区位

本项目位于长沙市望城区，范围为普瑞大道以南，潇湘北路以东，三汊矶大桥以北，潇湘景观道以西，面积约 60hm²。

（二）概况

本项目设计分为银星湾公园和江滩绿带两个部分。银星湾公园部分北至防汛通道、南至潇湘大道北延、西至银星路，面积约 21.2hm²；江滩绿带部分西至普瑞大道、东至三叉矶大桥、南至防汛通道，面积约 36.8hm²（图 1）。

（三）总体布局

本项目位于南公园滨江区域的西南方向，南公园滨江区域优化形成"一廊、两区、三片"全域旅游休闲功能格局。一廊——滨江生态经济走廊；两区——现代城市建设引领区、美丽乡村建设先行区；三片——古镇群协同发展片、生态文化休闲综合片、健康休闲体验片。在湘江沿岸，建设由"三道、八园、一江、四洲岛"组成的湘江滨江风光带，打造成为"望城大公园"的重要展示窗口、长沙城北"新客厅"。

二、地域文化、生态智慧的设计理念

（一）望城区历史人文

1. 千年窑火，陶艺之乡

千年不熄的窑火，是铜官最独特的名片，更是望城弥足珍贵的非物质文化遗产。

2. 巧手魅力，剪纸之乡

望城剪纸始于明清时期。望城民间的艺人们独居匠心，孜孜以求，创造出了独具地方特色的手法技艺。

3. 韵律悠长，戏曲之乡

望城戏曲之乡历史悠久，大约形成于明代，境内主要流行有湘剧、花鼓戏和皮影戏。尤以花鼓戏流传最广。

（二）方案总述

结合该区域的上位规划，将本项目布置为"一脉、三带、多景点"空间结构，分别为：以防汛通道为主线，结合两侧公园、绿地形成观景漫步的"滨江慢行道"，即"一脉"；联系银星湾公园主入口，合理划分各景观片区，顺延江岸部分内环景观道并延伸至江滩的"江城共享带、花堤乐游带、风情休

图 1　用地红线图

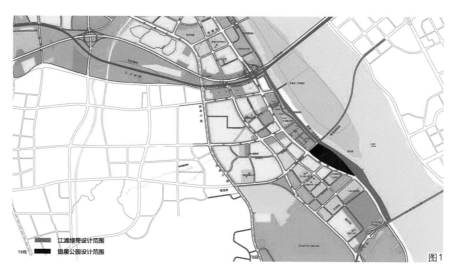

江滩绿带设计范围
银星公园设计范围

图1

闲带"，即"三带"；公园中布置了一系列重要景点，赋予地块丰富的集散、文化、观景、休闲、活动功能，通过多彩的水景、广场、小品、绿地为各片区带来空间变化，形成集公共休闲、生态共享、活动体验于一体的连续景观，呈现出景观多彩性，即"多景点"（图2）。

（三）方案详述

银星湾公园分为三个展示区：以保护湘江，打造湘江流域最美的生态休憩公园，展示节能绿色为目的的生态休闲区域；以塑造望城新城门户形象，长沙城北"新客厅"的"起点"为目的的形象展示区；具有地域文化和空间特质的综合性公园的配套服务区（图3）。

1. 配套服务区

位于银星湾公园西侧，以商业休闲、管理停车等配套服务为主要功能，解决部分车流、人流集散。区域内布置入口引导雕塑、演绎草坪、商业休闲街区等，入口引导主题雕塑位于入口草坪区域，以条石拼接形成望城区地图形状，14个竖起的紫色景观柱代表14个行政区划，并与"银星"样式和公园主题名称小品结合（图4）。

2. 生态休闲区

以花林漫游和湿地嬉戏为主，顺延水系布置林荫步道、健康运动场所、主题植物观赏空间和湿地游赏区域等。考虑到停车需要，沿主环路布置生态停车位（图5）。

3. 形象展示区

位于银星湾公园东侧，是重要的人行入口，以展示公园主题、联系周边文化景观为主要表现手法，布置主题标识、旱喷广场、阳光草坪、花林等（图6）。

4. 交通组织

外部交通是潇湘大道单行线，内部交通有一环，主要出入口有5个主要出入口广场，沿潇湘大道、银星路、潇湘快速路合理布置；地面及主要道路入口设置停车位，以分散布置的疏林草地对城市地震灾害及其二次灾害的防御起到重要作用（图7）。

5. 植物景观

林荫广场主要分布在入口区域，以高大挺拔的乔木结合舒朗的草坪、规整的绿篱、清新的草花营造隆重的入口形象；常绿混交林以层次丰富、品种多样的组团绿化突出充满活力、绿意盎然的植物景观；疏林草地以造型草坪、地被花境结合疏朗乔木打造简洁明快、现代感强的植物景观；色叶、开花

专类景观林以色彩丰富、季相分明的专类绿化营造活泼、热烈的绿化氛围；湿地植物花境以耐水湿乔木、灌木、水生植物烘托氛围浓厚的湿地、滨水景观（图8）。

三、地域文化、生态智慧的设计应用

（一）江岸修复：重回湘江——让滨江重新成为城市活动中心

1. 水质净化

利用现状沿江地形改造为人工湿地处理系统，处理削减岳麓污水处理厂尾水及湘江沿岸初期雨水

图2　总体布局图
图3　银星湾公园效果图
图4　配套服务区建成照片
图5　生态休闲区建成照片
图6　形象展示区建成照片
图7　交通组织图

图2
图3
图4
图5
图6
图7

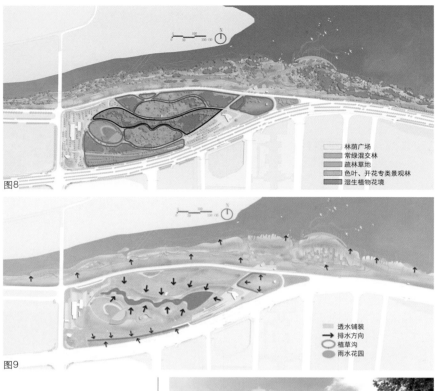
图8

图9

图10

径流，引至下游库区后排放进入湘江。还可将雨水在湿地内进行调蓄、处理，可实现基地外一定汇流面积的海绵城市功能。

2. 植物规划

沿江以挺水植物及浮叶、漂浮植物种植为主，如西伯利亚鸢尾、埃及莎草、金叶芦苇等，具有水质净化作用；堤坡植物以宿根花卉为主，如大花金鸡菊、美丽月见草等，具有一定固土护坡作用。

（二）生态塑造：回归自然——多样措施构建生态体系

充分从湘江生态修复的角度考虑，建立布局合理、运行有效的城市江岸水系。

1. 低影响开发

规划设计的公园地形周边高，中间低，且于公园最低处设计了景观水系，有利于海绵城市的地表径流管理和净水蓄水。

银星湾公园北至银星路、南至潇湘景观道、东西至潇湘大道，这三条城市道路围合成了面积约22hm²的银星湾公园（江岸部分）。项目周边规划

地块以居住、商业和绿地公园为主。根据滨水新区雨水管线规划，本项目位于YD1雨水汇水区域，整个区域汇水面积131.4hm²。本项目西南侧潇湘北路南侧规划建设3.6m×1.8m箱涵作为区域雨水排水干管，将雨水排至潇湘北路西侧白石湖内进行调蓄。多余雨水通过管涵连接至本区域内白石湖排涝泵站排至湘江（图9）。

2. 水生态系统

采用微生物活水、水质调控、营养平衡、藻相平衡、生物操纵、生态调控等专业技术，从底质改良、沉水植被系统构建、微生物系统构建、水生动物系统构建、系统运行保障等方面构建健康水生态系统。

3. 透水铺装

设计中整体铺装与交通引导流线相统一，主环路及部分小广场采用透水混凝土，生态环保；人行步道以陶制透水砖为主，加强雨水的自然渗透，保证水分的自然生态循环；入口广场以丁字麻石配合透水砖烘托气氛，亲水平台以塑木铺地保证亲水性，儿童活动空间以塑胶铺地保证安全性，铺装中透水材料保证占总铺装的70%以上。

4. 中水活用

银星湾公园景观水系的水来自自源（降雨）、湘江（加泵补水）、中水活用。银星湾公园中水利用的几个方向：中水回用于景观水体补充，为保证景观水质，中水经净化系统后进入景观水体进行补充；中水回用于绿化浇灌及作为冲厕用水等。

5. 优化地形

现状地形有局部高起山包，利用起伏地形打造覆土建筑、舞台（图10）、净化跌水等，创造多功能空间，点燃区域活力。

6. 智能游客服务中心

本项目新建智能游客服务中心2座，游客可以根据显示屏信息掌握游玩景点及智慧活动内容。

本项目在经济、社会、生态方面具有长远效益。本项目贯彻落实新发展理念、构建生态发展格局，走生态优先、绿色发展道路。提升城市设计水平、完善城市功能、提高城市品质，健全现代城市治理体系，打造美丽宜居城市，让望城、长沙人居环境美得更有品质。

项目组成员名单

项目负责人：李浩年　李　平　田　原

项目参加人：陈　伟　陈啊雄　刘惠杰　崔恩斌
　　　　　　江　莉　徐　旋　叶亚昆　陈　阳
　　　　　　樊　晓　王　琳

图8　植物空间类型
图9　低影响开发设计图
图10　舞台服务用房效果图

"与古为新、新古相融"

——以浙江义乌横塘公园设计为例

中国美术学院风景建筑设计研究总院有限公司 / 郑　捷　陈丽君

提要：设计将"义乌发展经验"的意涵结合场地历史价值资源，以特定的手法转译成场所精神并建立公园新的空间结构系统，以此延续城市文脉同时塑造富于归属感的城市地标性现代公园。

一、项目背景

本项目位于浙江省义乌市原横塘村旧址，处于义乌市陆港新区核心位置，用地8.4hm²。针对城市公园的建设需要，在满足周边城市居民日常休闲与社交需求的同时，结合习总书记到义乌调研，并在此总结义乌城市发展经验的会址建筑空间和场所，形成具有独特吸引力和城市价值的城市公园（图1）。

二、项目解读

（一）场地资源价值认识

从历史维度解读，横塘村村址及周边的田园环境，随着城市化进程发生了重大变化，村庄已被大型小商品市场、电商小镇等设施所包围，村庄用地低于新建城市道路6~8m不等，成为义乌快速城市化进程中的一个重要历史印记（图2），具有特定的展示与利用价值。从当代维度解读，横塘村村委会场址作为国家领导人总结义乌经验的发生地，极具保留纪念和展示价值。

设计如何在空间层面上整合不同时间维度的特色资源，实现历史与现代在城市价值上的同频共振，成为本项目的工作重点。

（二）城市公园功能服务定位

横塘公园既是一个城市公园，又是一个城市文化地标。项目需要考虑三个层面的功能，一是作为城市公园，应健全服务周边市民的休闲健身、游憩服务等功能，成为城市新区富于体验特色的业余休闲生活空间；二是为市民和老横塘人提供一个有"乡愁记忆"的场所，成为城市居民的心灵归宿；三是作为总结"义乌经验"纪念地，应加强会址的保护与展示，彰显义乌新时代的城市精神，成为义乌重要的城市地标。

三、设计构思

通过对横塘村历史信息碎片的挖掘整理和组织演绎，将文化展示空间、会址修缮展示及开放式城市公园环境，作为积淀和展示城市记忆的载体，打造以义乌"乡村风貌"为基调、体验"乡村记忆"、展示"总结义乌经验历史事件的发生地"的城市历

图1　公园场地现状
图2　横塘村肌理现状

图 3 设计总图
图 4 主题分区图

图3

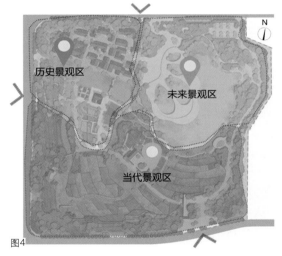

图4

史主题公园，呈现从过去、现在到未来的城市发展的线性脉络，营造城市的场所精神和归属感。凸显义乌市注重延续城市文脉、加强给予城乡居民人文关怀的意识，以此增强城市对于人才的吸引力和未来发展的潜力。

挖掘场地显性和隐性的各种资源条件，通过场地空间格局、布局肌理、建筑风貌、地形水系、乡土植物等要素的灵活运用，使其焕发全新面貌，来体现"与古为新、新古相融"的设计基本理念，展现新旧相续、活力洋溢的城市发展新气象（图3）。

四、设计特点与要点

（一）建立公园的场所感和归属感，创造独特而奇妙的游客体验

公园根据主体建筑设施及周边环境风貌主题的差异形成未来景观区、历史景观区和当代景观区三个主题区域（图4）。其中，国家领导人总结义乌经验的会址建筑和周围的乡土环境，将与现代风格

的展陈中心、周边城市新区形成既反差对比又相生相融的状态，极富艺术张力和现代气息。由此，设计通过公园的空间布局和形态层面的深度演绎，充分展现义乌经验所提出的"莫名其妙、无中生有、点石成金"三个特点，激发市民尤其是年轻人对城市的认同感和归属感。

1. 未来景观区

该主题片区位于横塘公园东北侧，空间开阔大气，滨水观景平台及栈桥等设施围绕中心湖向心展开，与主体建筑——展陈中心形成良好的看与被看的关系。

展陈中心采用地景建筑的手法，一边"隐"入公园，一边实现"显"的设计意图——制造一个与自然景观交织在一起的、全新的公园地标型城市人文景观。展陈中心利用场地高差条件从屋顶进入，架空于水面之上，设施和环境极具现代艺术感，并借助树丛和花田的区隔和过渡衔接，与公园中其他传统建构筑物协调，形成公园景观环境的有机整体。

建筑在消隐和景观化的同时引入灰空间，并将展览的体验纳入这个有机的空间系统中。乳白色生动轻盈的临水三层观景平台以延伸的坡道，形成循环往复又富于变化的环形体验动线，传达出义乌作为小商品贸易的国际性枢纽联系世界与汇聚八方财富的喻义，并为游人创造独特而奇妙的体验（图5）。

2. 历史景观区

该主题片区位于横塘公园西北侧，依托现有场地格局，以横塘为近水，以坡地为远山，修复演绎义乌传统乡村风貌。

公园西侧外围坡地种植乡土林带围合空间，内部保留并梳理现状水系。西入口的观景台结合竖向场地布局，形成鸟瞰古村建筑参差的场所体验；下

行至村口三连横塘，通过修复临塘民居界面，形成清波映柳、白墙黛瓦的另一种场所体验；穿行于民居巷弄，有台地错落、檐廊生动的体验；再立足于东侧展陈中心眺望台下望，又有新旧对比、新奇美妙、步移景异的体验。结合古村场所空间条件，引入慢生活休闲业态，对常规传统村落的体验方式进行创新，成为场景丰富多样、富于历史气息的主题性景观场所（图6）。

3. 当代景观区

该主题片区位于场地南部，沿水岸保留现状基本农田，北侧为会址建筑，其周边依托现有地形重塑田块肌理，梳理现状水系，营造舒缓起伏、旷逸朴野的乡土花田景观。

会址建筑面向田野，以保护修缮为主，四周流水环绕、场院外半亩荷塘、远处稻花飘香，突出会址建筑节点朴素大方的纪念主题。同时，以义乌市花月季建设主题游园，田野和花园景观成为疗愈乡愁的特色场所（图7）。

（二）立足人本需求，关注人性化设计和人文关怀

考虑周边生活和工作的不同人群，以及老人、儿童、外迁村民和残疾人等特殊人群的人本需求，设计尽量保留场地原生肌理和老村的重要节点、界面，为周边生活的原横塘村民和其他市民提供怀念过去家园的场所。

人性化主题的健身、儿童游戏、茶馆棋社、慢生活休闲等设施按动静分区布局。通过灰空间、亭廊等遮蔽设施，必要的环卫设施的配置，功能性和景观性照明设计等，关注特殊人群需求，开展全园无障碍设计，展现场地的多重人文关怀（图8）。

五、结语

作为现代城市主题公园，横塘公园在满足居民日常生活与休闲需求的同时，也从发展的角度考虑城市居民的乡土情怀和多元精神文化诉求，融合传统与现代、审美与实用，展现了义乌市城市发展的脉络。自2021年7月1日建成开放以来，横塘公园深受市民喜爱，成为当地媒体热议的话题之一。

项目组成员名单

项目负责人：郑　捷

项目参加人：黄　喆　赵思霓　陈丽君　吴国荣
　　　　　　王佐品　董航滨　余先锋　徐　勇
　　　　　　陈晓越　仲　进

图5

图6

图7

图8

图9

图5　未来景观区（实景）
图6　历史景观区（实景）
图7　当代景观区（实景）
图8　公园使用情况
图9　公园鸟瞰图（实景）

高科技引领下的 AI 互动公园

——以湖南衡阳陆家新区中央公园项目为例

湖南建科园林有限公司／罗　翔

提要： 科技可以很生态；科技可以很艺术；科技可以很文化……陆家新区中央公园尝试构建多维度的科技公园景观，使人们在互动中体验科技的魅力，受到启迪和教育。

一、项目概况

本项目位于湖南省衡阳市高新区的核心区域，公园总面积约 5.4 万 m²，周边地块密布高新企业、总部大楼以及会展中心，是服务于整个高新产业园核心区的中央公园。本项目定位为集形象展示、休闲游赏、运动健身、科普教育于一体的科技特色体验公园。

二、整体思路

（一）项目难点

（1）场地竖向高差较大，怎样处理好场地交通、空间、排水等关系？

（2）原有大树密布，大树怎样保留？怎样有机地融入新场地？

（3）项目周边人群多样，怎样在有限的空间内满足周边不同人群的活动需求？

（4）作为高新区核心的中央公园，怎样体现科技与文化，打造城市名片？

（二）场地处理

设计保留了场地内所有大树与片林，并修复山体，形成了充满场地记忆与生机的景观场所（图1）。利用原民房拆迁场地改造为公园活动节点。将原 3000m² 鱼塘改造为生态景观池塘。场地北部为半开挖山体，南部为洼地，比周边道路低 10 余米。设计利用原地形特征，营造了山林、草坡、台地、花谷等丰富的景观空间（图2）。

（三）项目亮点

设计秉承将科技、生态、艺术、互动、教育有机结合的理念，并始终贯彻到每一个细节。

1.亮点一：低干预理念下的环境美学·生动讲

图 1　场地现状图
图 2　建成后实景图

图1

图2

述场地演变的故事。

设计因地制宜，将原鱼塘、葡萄园改造为相互联系的生态池塘、叠水花园、湿地花谷等景观空间。周边雨水汇集、净化后存入地下蓄水模块，再回用作为园区景观用水，最后多余的雨水通过水泵排入城市管网，并在园区展牌中讲述场地的故事与生态运作。

2. 亮点二：科技强国战略下的公共教育·营造有灵魂的科普教育游线

在幻境廊架中体验从基础工业到前沿科技的科普教育。

在旋转云台中学习中国天文历法，感悟其文化魅力。

在数字健身广场中骑行点亮生命之树，发现森林里的小秘密。

3. 亮点三：高科技引领下的互动景观·在运动娱乐中体验科技魅力

将声、光、电的艺术融入互动性景观，在这里可以体验不一样的运动娱乐、观赏休闲乐趣。

4. 亮点四：智能化时代中的公园管理·打造智慧操控平台与导览系统

园区管理者通过可视化智慧控制平台控制园区所有智能化设备，并对其能耗情况、运行状态等进行大数据监测。游人可通过点击导览互动屏或连接手机实现智慧导览、适时寻路。

三、详细设计

(一) 湿地花谷区

结合了海绵设施、雾森设备、艺术照明等，营造了溪流花谷、雾漫花谷、幻彩花谷等不同景观（图3～图5）。花谷中散落着"光之花"构筑，它以炫彩膜作花瓣顶盖，透光混凝土作花托坐凳，用艺术灯光营造出幻彩效果，同时搭载了百度人工智能对话系统，让人们可以进行多种互动交流。在环形星光漫步道中设置了一段人影互动屏，可以记录和追踪跑步或走路时的各种图像，它装有可以和LED屏连接的传感器，在跑步的过程中，会利用精准的射频识别技术，追踪每一位运动者的姿态。

(二) 滨水游乐区

利用山体高差设置滑梯、沙坑等无动力游乐设备，沿景观水池设置一系列戏水装置（图6）。

跳跳泉是一种与游人互动的水景艺术，当人们跳动时，会将电信号通过传输与水体联动，从而同步实现水景的及时反馈，形成此起彼伏的五彩水柱（图7）。

图3 湿地花谷区

图4 雾漫花谷

图5 光之花

图6 城市阳台区

图7 跳跳泉

图3 湿地花谷区
图4 雾漫花谷
图5 光之花
图6 城市阳台区
图7 跳跳泉

图 8 山林草地区
图 9 数字单车
图 10 光之翼

阿基米德取水器将池塘的水引向高处，流经一条迂回的景观水渠到达植物净化池，最后流回池塘。

水幕秋千上方设有动态水幕，红外设备感应秋千的运动，计算落水，形成了水幕穿梭的奇妙体验。动态水幕在灯光的映射下宛如艺术"水风琴"。

幻境廊架融入数字科技、感应设备，结合多维界面营造沉浸式体验，仿佛身处幻境。

（三）山林草地区

最大限度保留原有山林并进行山体修复，营造山林缓坡的休闲场所，山顶的旋转云台融合了空间艺术、灯光艺术，可由内、外旋转而上，外旋登台体验林中漫步，内旋临顶可览全园美景，云台是展示中国天文历法的艺术空间，又可为高新企业提供展陈场地（图 8）。数字单车是一项极具科技感的健身运动，是一项充满趣味的竞赛游戏（图 9）。通过骑行消耗卡路里，创造能量点亮花千树，畅享运动乐趣。

衡阳以山闻名，北入口采用错落的片石表现"云山万叠"的文化意象，灯光和雾森的结合又渲染了"远山长，云山乱，晓山青"的诗情画意。位于公园转角的"光之翼"艺术装置由一对"羽翼"旋转组成，通过多种程控模式变幻出多彩的灯光效果，夜晚白色羽翼化为婀娜舞动的彩光精灵（图 10）。

（四）城市阳台区

利用高差营造丰富的复层空间，使公园以开放、灵活的方式与城市有机衔接，让游人自由穿梭于公园与城市，或是凭栏远眺，或是闲坐草阶……

四、结语

本项目为湖南首个高科技主题 AI 公园，公园充分利用现有洼地，通过湿地环境的营造，形成一个集生态、观赏、展示、娱乐为一体的湿地公园。简约风格的园林，现代科技感十足，公园同时满足了市民观赏休闲、运动健身、科技体验的多种需求，也成为高新区科技展示、文化交流的绿色窗口，成为市民争相打卡的网红公园和陆家新区的文化名片。

项目组成员名单

项目负责人：罗 翔 文友华

项目参加人：陈琼琳 彭 勇 熊 云 吴 超
　　　　　　文 浩 易 凯 李亚春 彭 磊
　　　　　　李文煜 毛宇林

图8

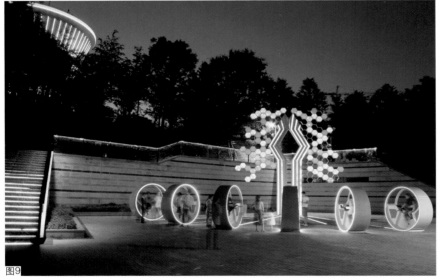
图9

图10

老城区绿地更新策略与实践

——以北京市西城区绿地提升为例

北京创新景观园林设计有限责任公司／梁　毅

提要： 通过见缝插绿、留白增绿，传承历史城区的文化，助推老城区有机更新，提升城市宜居环境品质。

近年来北京市推出"疏解整治促提升"的专项工作，加快对背街小巷的整治、对闲置土地和腾退土地的绿化美化等工作，改善人居环境，提升城市功能和生活品质，补齐民生短板。

一、项目背景

《北京城市总体规划（2016 年—2035 年)》中提出北京城市发展和建设进入了新阶段，对北京老城区城市更新也提出了更高的要求，坚持"保"字当头，有序推进高质量街区保护更新。在历史文脉丰厚的老城区，公共空间的更新需要的是一种精细化的方式，像绣花一样修复风貌、织补功能，以"有机更新"替代"老城改造"，将成为老城发展的方向。

二、西城区绿地更新策略

西城区作为首都核心区重要组成部分，其公共空间环境面临着绿色空间不足、文化传承与彰显不佳等问题。自 2017 年，西城区开展了"首都功能核心区疏解整治促提升"行动，公园绿地 500m 服务半径覆盖率提升至 97.61%。西城区绿地更新范畴包括历史文化街区、传统商业区、重要街道、公园绿地和滨水绿道等。绿地更新包括两类，一类是提质，即对现状绿地改造提升品质；另一类是增量，即对拆违腾退土地进行绿化，增加植物绿量。

西城区绿地更新策略主要包括以下几点。

（1）空间提质。对绿地分区域分类型进行精细化设计，打造居民生活的"绿色客厅"。结合"15 分钟生活圈"和公园绿地 500m 服务半径，满足周边居民生活休憩、邻里交往、体育健身等需

求，因地制宜地营造全龄友好的绿色空间。

（2）留白增绿。利用拆违和腾退空间，补充小微绿地、口袋公园，扩大绿色生态空间，增加街道绿量，发挥植物遮阴、滤尘和减噪的生态作用，改善城市热岛效应和生态环境。

（3）文化传承。通过展示场地特有的历史文化内涵，彰显历史空间的文化魅力，传承场地文化和场所精神。

（4）完善设施。完善绿地内的无障碍设施、城市家具等便民服务设施。完善绿地内的市政管线和基础设施，提升绿地品质。

（5）公共艺术。运用多种艺术方式丰富绿地景观，满足当下人们对绿地的审美需求，形成高品质、趣味性的环境空间，展现街区特色。

三、北京市西城区绿地更新案例

（一）绿色景观的营造——西单文化广场

1. 项目概况及现状

西单文化广场位于西长安街北侧，属于首都核心区内的传统商业区。总体规划要求该区域促进产业优化升级，向高品质、综合化发展，突出文化特征与地方特色；加强管理，改善环境，提高公共空间品质。

更新地块规划用地性质为公园绿地，南侧紧邻长安街，西侧为西单北大街，北侧为武功卫胡同，东侧为横二条，广场南北长约 130m，东西宽约 150m，地块面积 18850m² (图 1)。广场南侧为 2008 年复建的西单瞻云牌楼。

西单文化广场现状问题主要包括：功能混杂，地上为交通集散广场，地面出入口及各种服务用房杂乱，地下部分为 77 街商业区，自 2015 年停业

图1

图2

广场南北向剖面图

广场东西向剖面图

图1　项目区位及现状
图2　广场鸟瞰图
图3　广场剖面图
图4　改造前后瞻云牌楼环境
图5　改造前后树阵绿篱

闲置；广场尺度大，被干道割裂，铺装面积大，绿化面积少，景观环境有待提升；场地内的交通流线设计不合理，人的体验不舒适。

2. 设计理念及主要内容

设计定位为多功能高品质的城市公共空间。建设城市森林，营造简洁、精致、自然、时尚、符合长安街整体绿化风格的城市空间，同时具有北京元素和中国特色。根据更新规划，地面公共绿地建设西单文化广场，通过下沉广场连接地下商业建筑和地铁交通枢纽，地下三层为停车场（图2）。

广场按功能分为三个区：公共绿化区、下沉广场区、屋顶花园区。公共绿化区为大树和缓坡地形结合的林下休闲空间。下沉广场区为树阵广场及水景空间。屋顶花园区为立体绿化空间，并与二层汉光百货及西单图书大厦连通，增加人行的可达性（图3）。

3. 绿地更新的要点

一是广场增绿。绿化面积由改造前的5000m²增加到11200m²，新增绿化面积6200m²。改善种植覆土条件，由改造前的0.6~1.2m增加到1.5~2.0m，增加大乔木种植和立体绿化。

二是环境提质。基于对广场行人平日和周末的现场调研，优化人行路线，加强地上交通和地下交通的联系，提升人行的可达性和便利性。增设休息坐凳，改善广场照明景观，提升广场的整体环境品质。

三是传承延续西单历史记忆。围绕瞻云牌楼，设置跌水景墙形成广场的门户，强化城市公共空间的文化特征（图4）。

四是营建通透疏朗的城市森林景观。绿地内栽植乔灌木18种500余株，其中乡土植物85%以上。植物选择油松、国槐、栾树、元宝枫、海棠等北京乡土植物，栽植30cm以上大树10株，营建近自然的异龄混交林，突出植物生态功能和生物多样性。林下栽植地被近10000m²，选用委陵菜、矾根、狼尾草等40余种植物（图5）。

五是改善绿地小气候。增加降尘喷雾设施，入口区设置三处水景，调节广场内的温湿度，在老城的商业中心营造出一片宜人绿洲（图6）。

西单文化广场于2021年4月完工并向公众开放。更新后由大面积铺装广场转变为绿色的城市客厅，地上是绿荫环绕的绿地公园，地下是新潮时尚

图4

图5

的商业空间，通过绿地更新重新焕发了场地活力。

图6

（二）场所文化的延续——前门大栅栏百花园

1. 项目概况及现状

百花园位于前门大栅栏地区中部，属于首都核心区内历史街区。东侧为樱桃胡同，西侧为桐梓胡同，地块占地约 1850m²。前身为天陶菜市场，商户 80 多家，人员拥挤，道路脏乱。西城区政府拆除了原有市场，拆迁建绿，还绿于民，改造为居民休闲娱乐遛弯的"胡同公园"，解决了大栅栏地区公园绿地 500m 服务半径的覆盖盲区问题。

2. 历史沿革及设计理念

天陶市场北侧历史上曾有个花园，名为北花园。明清时种植花草供琉璃厂官员观赏，后来百姓称其为百花园。

延续百花园的历史文化记忆，体现传统园林的意境，"以花为媒、以鸟为声"打造小巧精致、曲径通幽的休闲花园（图7）。

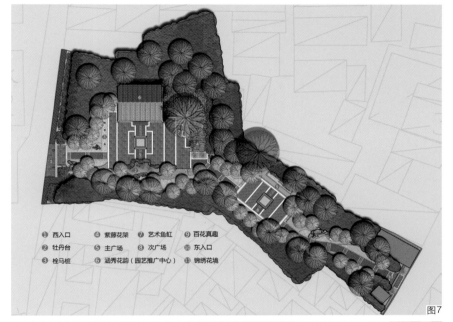

① 西入口　④ 紫藤花架　⑦ 艺术鱼缸　⑨ 百花真趣
② 牡丹台　⑤ 主广场　⑧ 次广场　⑩ 东入口
③ 拴马桩　⑥ 涵秀花韵（园艺推广中心）　⑪ 锦绣花墙

图7

3. 绿地更新要点

一是植物配置上延续历史记忆。突出花卉植物，以玉兰、海棠、紫薇、牡丹及芍药为特色，结合时令花卉营造场所记忆（图8）。

二是空间尺度上延续大栅栏地区的肌理。百花园整体空间布局上借鉴四合院的空间尺度。通过一条鲜花漫步路串联起百花真趣、牡丹台和涵秀花韵三处景观节点。

三是小品细部上延续传统建筑风貌。东侧入口采用灰砖墙月洞门的形式，西侧入口则采用灰砖海棠花门的形式。在园内还布置了艺术鱼缸、观赏景石、拴马桩等小品突出地域文化。

图8

四是增加便民服务设施。园中设置花园驿站定期举办园艺和社区活动，吸引胡同居民参与体验。同时在驿站东侧设置一组紫藤花架供居民纳凉休憩（图9）。

园子建成后，附近的老人们一边欣赏美景，一边休闲散步；年轻人充分利用仅有的空间开始娱乐和健身，同时还吸引了许多家长和孩子，在这里嬉戏玩耍。通过绿地新使场地文化得以延续，使周边居民的幸福感获得了提升。

图9

四、结语与展望

老城区的绿地具有面积小，周边环境复杂，服务人群需求多元等特点。绿地更新应挖掘场地特点，按照"微织补、微改造、微更新"的理念，综合发挥绿化的生态效应和审美价值，"一地一策"开展精细化设计。通过"见缝插绿、留白增绿"，将绿意铺展到整个城市，曾经脏乱差的背街小巷"长"出了公园，曾经的老街区被重新激发出新的活力，曾经的历史记忆又被重新唤起。

项目组成员名单

项目负责人：梁　毅

项目参加人：王　阔　郝勇翔　张　博　史小叶

图6　改造前后树阵绿篱
图7　百花园平面图
图8　改造前天陶菜市场与改造后环花径漫步
图9　改造前花园驿站及改造后活动广场

以群众需求为导向的口袋公园设计

——湖北武汉东西湖区口袋公园设计与建设

武汉市园林建筑规划设计研究院有限公司 ／ 朱晓雨　熊庆锋

提要： 本项目以群众需求为导向进行设计，在建设过程中注重群众参与度，以尊重现状为前提，将场地劣势转化为优势，结合功能、色彩及特色亮点等多方面打造，最终取得较好效果。

《武汉市 2020 年绿化工作方案》提出两年内将建成 100 座口袋公园，启动"城市公园绿地 5 分钟服务圈"构建行动，让城市公园绿地服务半径覆盖 90% 以上的居住用地，各区的口袋公园建设成为实现这一目标的重要落点。

一、项目概况

本项目位于武汉市东西湖区，总占地面积 16489m²，包含三处地块，各地块面积不等，均紧邻市政道路，周边分别邻近学校、商业体、居住区及办公场所，使用人群主要为周边居民、行人及学生家长等。其中一处地块现状已建设简单的小游园，但园内设施和铺装多处破损，另两处地块现状为封闭式的纯绿化空间，内种植栾树、香樟、石楠、夹竹桃等乔木，长势不佳，视线郁闭，缺少参与性和观赏性，难以满足市民的活动需求。

通过对各地块的分析和调研，总结出设计所面临的以下问题。

（一）场地功能缺失，如何在有限空间中满足居民的活动需求

在设计中首先考虑居民对活动的需求，经过数次沟通和现场调研，在场地内着重打造幼老年龄段的活动区，同时引入路径，植入设施，吸引游人进入驻留，将封闭绿地打开，打造市民家门口的公园。

（二）现状存在许多限制因素，如何将场地劣势转化为特色亮点

场地内的密林、郁闭的植物空间和紧邻的人行道上无序停放的车辆构成了设计的关键性限制因素。在场地观察到其中一处地块人群的主要行为动向以快速通过为主，从场地两侧汇入地铁站。另一紧邻学校门口的地块相对安静和封闭，以学生和家长停留休息为主。如何用一种设计理念串联三个不同功能的场地，将现状的限制条件转化为场地优势并形成特色，成为设计面临的最大挑战。

二、设计过程中问题的解决和实施建成后效果

通过对以上问题的深入分析和建设过程中的方案多次优化，最终将三处地块建设为三处口袋公园，分别为：十字花园、梦花园、光影花园。

（一）十字公园——无效空间到全龄段活动空间的转变

在设计中首先考虑儿童游乐和老年健身两大功能场地的布局，同时植入廊架、亭子和坐凳等休憩服务设施。儿童场地的围合结合界面遮挡的问题整体考虑，采用了跌级坐凳和 30m 长的钢板墙来一并解决。为削弱景墙的刚硬感并使之与场地色彩吻合，将其设计为粉色樱花镂空图案，整体形成明亮活泼的空间（图 1、图 2）。在植物方面选择了红榉作为骨干树种，场地内采用桂花和朴树，形成林荫，下层采用丰富整齐的灌木与设计方案相呼应，季相丰富，干净整洁。

（二）梦花园——割裂空间中完整的梦幻之境

如何在喧嚣的人行道和停车场之间形成具有围

图 1　建成前
图 2　建成后
图 3　场地设施一
图 4　场地设施二
图 5　建成前
图 6　建成后

图1

图2

图3

图4

图5

图6

合感的场地？设计利用法国冬青对一侧杂乱的停车场进行"软隔离"，使整个界面更为完整。

以"可以做梦的花园"为起点，从设计元素、色彩、植物和空间多方面来发散和强化主题，设计有渐变色的明黄色廊架、鲜明多彩的公园LOGO、随处可见的蝴蝶形态等。植物设计中大面积采用了蓝紫色系开花植物，如鼠尾草、翠芦莉、蝴蝶花等，来营造梦幻和静谧感。东侧作为儿童活动空间，设计了一处沙坑和鲸鱼攀爬滑梯，受到小朋友们的强烈喜爱（图3、图4）。

西侧的一处围合式木平台和座凳形成一处私密的空间，可闲坐交谈或放空发呆，与"一墙之隔"的喧闹道路形成动静交融的画面（图5、图6）。

（三）光影花园——流动的空间中"定格的风景"

该处为集商业、交通、学校多种功能为一体的复合型空间，设计针对了不同人群进行考虑，从地铁站到商场的地块考虑快速通行的需求，通过以线串珠的手法，引入路径、增补设施，结合特色坐凳和景墙等设施，更注重视觉效果（图7）；而从地铁站到学校的地块，考虑学校人群使用需求，着重设计供人休憩和阅读的安静空间（图8）。同一个公园中，流动的人群与被定格的风景，共同构成场地独特的气质。

因地块所在位置的重要性和对于城市主干道的

图 7　光影花园 LOGO 墙
图 8　书吧廊架
图 9　场地废弃电线杆改造的
　　　"七星柱阵"
图 10　建成前
图 11　建成后

图7

图8

图9

图10

图11

形象展示作用，整体的色彩设计非常明亮大胆，小品设施也较为丰富，其中利用现状废弃电线杆打造的"七星柱阵"更成为场地内的最大亮点和地标（图 9）。

现状场地内郁闭的植物从限制因素转化成为整个公园的绿色骨架，两排高大的栾树下自然地形成了林荫小径，而场地外缘的女贞移栽到现状学校围墙外，形成绿色背景同时隔离外界喧嚣空间，使场地更为完整。中层设计樱花增加色彩，下层则多采用常绿地被作为绿色基底，临人行道布置了一片精致的花境，作为公园的前景大大提升了城市道路沿线的形象界面（图 10、图 11）。

三、结语

近年来，口袋公园以其灵活、微小、方便可达等特点成为提升城市整体形象和人居环境质量的"特效药"，在各地掀起建设热潮。这种在现有城市绿地中"见缝插针"式的迷你公园，相对于综合性大公园，其分布位置、现状条件、功能要求、适用人群往往多有不同甚至天差地别，难以套用任何公式，所以如何针对不同场地，打造观赏性和功能性兼备、因地制宜的设计方案，是作为景观设计师必须持续思考和研究的课题。

项目组成员名单
项目负责人：朱晓雨
项目参加人：熊庆锋　胡亚端　龚俊华　龚贺明
　　　　　　付毅英　魏　笔　蒋静雯　汪依芬

融文化于生态，从历史向未来

——北京城市副中心千年城市守望林的设计与实施

北京山水心源景观设计院有限公司 ／ 夏成钢

景观环境是近年众说纷纭的时尚课题，一说源自19世纪的欧美，一说则追记到古代的中国，当前的景观环境，属多学科竞技并正在演绎的事务。

提要： 本项目为北京市政府新办公区的前景绿地，位置显著，引人注目，因此也决定了方案需要体现国家的时代精神。设计一方面以世界眼光来展示中国特色，同时又注重将北京历史文脉、场地乡情融于现代感构图与生态氛围之中。

一、背景

绿地项目面积 36.5hm²，位于北京城市副中心办公区（党委、人大、政协三座大厦）对面，与办公区隔水相望。绿地属于办公区的组成部分，与之同步进行建设（图 1），建设始于 2016 年 11 月，完成于 2018 年 11 月。

建设以习近平总书记相关讲话以及中央精神为指导思想，即创造历史，追求艺术。坚持世界眼光、国际标准、中国特色、高点定位。

场地为南临北运河的滩地，有近 30 年树龄的杨树林带，普遍长势颓败，病萎倒伏严重（图 2）。

本项目已有湿地方案，实施在即。为贯彻中央精神，使项目更加完美，因此慎重地寻求比选方案。本方案即由此而来。

二、难点

（1）近年来随着生态理念宣传力度的加大，各领域、各职能部门对此都极为重视，然而由于站位、理解不同，也出现一些潜在误解，如把生态与园林文化对立起来，从而使一些设计师避谈这类话题，以求方案通过。谈不谈园林文化？如何理解文化？

（2）在一个政府办公区的现代环境下，体现什么文化？如何诠释？以何种形式体现？

三、分析

（1）湿地虽然可以很好地体现生态理念，但不宜政府办公区前。因为北京地区湿地最佳效果只在夏秋，其余时间为近半年的枯萎期。此外无法避免蚊蝇的滋生，不利于开展室外政务活动。

（2）政府办公区绿地应有独特的使用功能，如举办大型庆典、市民聚会、政务交流、草坪新闻发布等。若以国际视野，还应考虑庄园外交的需求。

图 1

图 2

图 1　区位图
图 2　场地原状

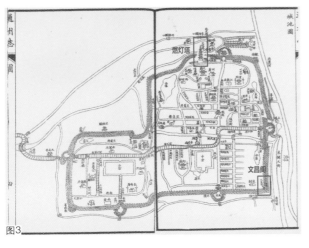
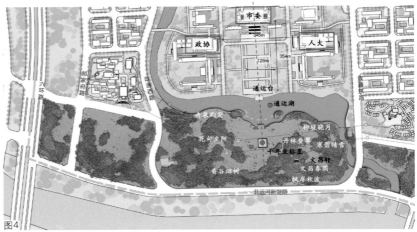

图3　通州古城东南角文昌阁
图4　总平面
图5　千年林全景照片一
图6　千年林全景照片二

（3）政府办公区应展示地域文化，对历史悠久的北京来说毋庸置疑。具体而言需要表现两类地域文化：一是整个城市的大文脉，另一个则是乡土文化。因为建设副中心区域搬迁了多个村庄，这里有着祖祖辈辈的记忆与乡愁。

四、总体布局

（1）北京古城布局中蕴含着重要的生态思想与范式，即在重要建筑前配套坛林。如紫禁城建筑群南布置了太庙与社稷坛，即松柏林地。同样，在北京外城正南匹配两大林地：天坛与先农坛柏树林。这些坛林是都城布局不可分割的一部分，演变自中国村镇的社林、祖林形式，是中国人居生态思想的久远传承。因此，将副中心办公区"前脸"绿地定位为"林地"，既延续传统，也洋溢着生态气息，契合中央精神，因此项目命名为"千年城市守望林"（简称"千年林绿地"）。

（2）北京城市文化中另一特点是引水贯都，水脉由西北穿城流向东南。在出水口的东南巽位建有文昌阁，门名"崇文"，附以"文明昌盛"之义。这也是中国村镇布局的传统，如北京颐和园东南角、通州古城东南都建有文昌阁（图3）。而本项目所在恰好有一水（丰字沟）由西北经本地东南汇入北运河，因此借此延续传统，设文昌轩于绿地东南。

（3）办公区建筑群依一条轴线左右对称展开，传统特点鲜明。但轴线仅是脑中概念，也未与本绿地建立联系。本设计在绿地中央设立坐标星，并建议在办公区建筑群中同样进行设置，从而将无形概念化为景观景物，并赋予文化意义。也通过轴线强化绿地与建筑群的整体性（图4）。

（4）办公区周边拆迁地块尚有未清场的村庄物件可作为景观素材。

五、具体设计

（一）地形土方

鉴于绿地与湖水地下开发为热源地泵群与污水处理设施，因此地面堆叠土方地形。形式采用筑山的传统手法，九派环抱成朝揖之势，前后三重延绵出主峰、次峰与回峰。

（二）林草布局

考虑庆典、政务等活动，设计疏林草地，林草比为3：1，常绿落叶比为2：3。为体现气势，林草布局重点推敲四线一面。即天际线（最高一带树的上缘形态）、林层线（前排林带与后排的反衬对比）、林脚线（林与草地相接的边际线）、水岸线（水岸的线形），以及草坡面。草地与林丛自然穿插，形成或连或隔的不同空间，方便后期使用。草地吸收了高尔夫球场铺设技术，以达到与欧美同类草坪景观相同的水准（图5、图6）。

图5

图6

（三）主要景点

以点状、局部突出文化，进而支撑、体现总体设计意图。

1. 千年城市坐标星

安置于草地中心，标示出办公区轴线南端点。核心点为石质半球体，选用太行山石与燕山石拼接而成，这二山脉构建了北京区域的地质地貌，寓意是这块土地的"脊梁"。球面刻写办公区建成的时间与空间坐标。基座铺装分别刻写通州古城四门名称，分别为通运（东）、朝天（西）、迎薰（南）、凝翠（北），这是古人对通州风貌的总体概括，同样也适用于走向未来的副中心，即东临运河，西近中央，南迎丰瑞的暖风，北见青翠的燕山（图7）。

2. 乡思树

副中心办公区域内共拆迁多个村庄。在尚未彻底清场的村落废墟中，筛选出30余株待伐大树。设计团队走访了当年的树下人家，收集故事。如一位83岁的老村主任讲述了他家大树由爷爷所种，树下曾成立初级社、高级社，以及娶妻生子等往事，这是活生生的乡愁乡思案例。因此，方案在实施过程中不断调整，将这些村树安置于显著位置，其中3棵大槐树种于坐标星附近，作为草地主景，也作为这块土地生命与记忆的象征（图8、图9）。

3. 老条石路

全园主干道采用老条石铺设，以体现千年之意：从历史的千年走来，也是向未来的千年走去（图10）。

4. 文昌轩

位于整个起伏地形的东南最高处，作为办公区的回望点，面积设为容纳小型政务活动。放弃新中式或原木生态式等风格，直接采用七开间纯古典敞轩，作为历史传承象征。并在匾联中将设计思想多角度地加以表达，如说明总体意图，概括为"万木拱翠拥袖底，千年守望上心头"；说明环境总效果，则"三水汇流青天外，一城掩映烟云中"；说明城市传承，直接抄录通州古城匾"望帆云表""尺五瞻天"以及通州文昌阁之"柳岸渔舟"；说明本次效果，则为"千林涛起""万霞云蔚"。这些文字也为后期政务活动中、特别是庄园外交中提供"暖场"话题。

5. 五龙喷水

为备作重大庆典活动，在湖中设大喷泉，喷出拱形彩虹水门，以便穿虹游船而用。通州为北京五河会流之区，因此喷头设计为5个龙头，龙身分别刻写五河名称即北运河、温榆河、通惠河、小中河、运潮减河。

6. 八景植物群落

全园种植设计在大构图上形成整体气势，同时辟出8处特色植物小空间，分别与燕京八景呼应：丹林叠翠、柳堤晓月、寒碧晴雪、花甸夕照、文昌春阴、香谷烟树、枫岸秋波、卉泉趵突。

六、效果

千年林绿地建成后，北京市政府在此举办了2019年度驻华使节招待会，绿地上空举行了500架无人机表演，在此进行接待东京都知事代表团等政务活动（图11），此处也成为外省市来访的接待地。原方案的诸多设想正在逐步展现出来。

项目组成员名单

项目负责人：夏成钢

项目参加人：端木歧　张英杰　张　鹏　陈德州
　　　　　　张玉晓　梁燕萍　赵站国

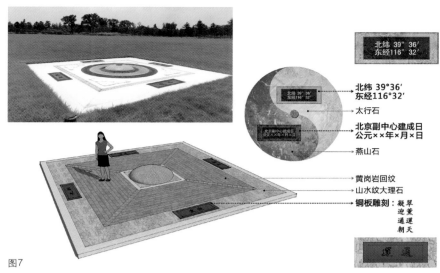

图7　里程星实景与解读

图8

图9

图10

图11

图 7　里程星实景与解读
图 8　拆迁村大树调查记录
图 9　老槐新芽
图 10　千年条石路
图 11　千年林文昌轩的政务活动

共建共赏共享的生态廊道

——以河南郑州省道 S312 廊道为例

深圳市北林苑景观及建筑规划设计院有限公司／周　璇　张鑫乾　陈艾扬

提要： 本项目按照"共建、共赏、共享"的策略，在郑州黄河生态廊道规划建设中探索了微雕式生态保护、针灸式风貌提质和主题式活动策划。

一、项目背景

黄河，中华民族的"母亲河"，是我国大陆重要的生态廊道，更是一条人文之河。千年以来，黄河流域曾长期作为我国政治、经济和文化中心，孕育出灿烂的仰韶文化、龙山文化等。同时，黄河又是"多变"的，曾"三年两决口，百年一改道"，给沿岸生产、生活带来巨大灾难。

2021 年，《黄河流域生态保护和高质量发展规划纲要》将黄河流域生态保护和高质量发展作为事关中华民族伟大复兴的千秋大计，黄河将成为造福人民的幸福河。

本项目是以河南省"打造郑州大都市区黄河流域生态保护和高质量发展核心示范区"方针为引领，以公园游园、生态廊道、道路绿化等重点项目建设为带动，构建以"自然风光＋黄河文化＋慢生活"为重点的沿黄休闲生态系统，是未来谋划建设国家黄河绿道郑州段的先期工程。

二、项目概况

省道 S312 生态廊道位于郑州市主城区北部，东起新 G107 至四港联动大道连接线，西至江山路，总长 31.119km，是郑州沿黄生态廊道的重要组成部分，服务于郑州市"北静"高质量发展思路的主体功能区，也是黄河流域生态保护和高质量发展的引领性工程。

项目用地北临黄河大堤，南与城市发展区相接，东西途经惠济区、金水区、郑东新区，与多条交通干线相交，是郑北门户、东西交通要道（图 1）。设

图1

图 1　交通现状分析图

计用地超过 48% 处于黄河大堤淤背区内，局部与黄河大堤最小距离不足 30m。同时，场地内部林田湖草斑块密布，庇护着超过 40 种国家级保护动物，众多保护区、风景区，与沿黄自然村落共同构建出郑北沿黄片区重要的"生态廊道""城市干道"和"郑北门户"。

郑北发展与黄河水情间的安全矛盾、用地限制与休闲设施不足的功能矛盾、邻黄产业与沿黄生态的空间矛盾（图 2），使场地亟需一套保安全、强生态、融休闲、展文脉、促产业的"共生型"廊道系统。

三、设计思路

传统生态廊道建设，本质是边界明确、功能明晰的"硬"工程，过程中伴随着腾退、拆除，通常周期长、扰动大、效率低。

省道 S312 生态廊道建设项目将兼顾"生态廊道""城市干道""生活漫道"和"文化驿道"四个方面，补齐"郑州绿环"北部的最后一块拼图，融合自然与城市、文脉与生活，形成"共生型复合通廊"（图 3）。以建设"沿黄美丽生态风景道""国家黄河绿道郑州段""郑州'北静'绿色综合体"为总体目标，统筹生态本底、文化特色、发展趋势、城市格局，提出"大河之道"总体设计理念，构建"共建、共赏、共享"三大"共生"策略。

1. 共建——生态韧性之道

本着资源集约、韧性共建的原则，依托现状农田、公益林地、水系，通过"轻介入"，在巩固沿黄水情、生态安全的基础上，以绿耦合周边城市，催化自然与城市加速融合；组织以农业为核心的生态网络，在本底生态中"培植"三生共荣的和谐之道、郑北弹性生态屏障。

紧扣中原农耕文明，营建水清岸绿、草长莺飞、鱼肥果香、人和景明的和谐生态基底，并整合郑州沿黄片区各产业点，引入亲子农业体验、在地自然课堂、休闲康疗养生等生态产业，北联沿黄旅游产业，南接郑州城市产业，构建自循环"生态—产业共生体"。

2. 共赏——静美自然之道

省道 S312 是郑北"城市干道"，承担大量环城、绕城交通流量，廊道从车行交通与人行感知两个方面提升景观风貌。

根据省道 S312 车速，设计充满韵律的连续绿带，新增多种风景停车区，提升车行道路景观风貌，强化功能复合。以林、田、水、堤、塘为基本

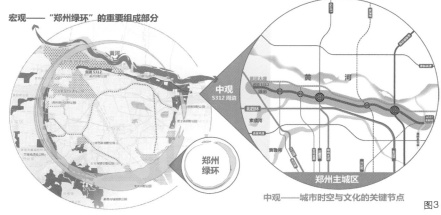

图 3

元素，全域延展植入特色公园节点，串联全段绿道体系，营建"一带风景、四季花园"，漫步静美自然，重构"全时、全段景观体系"。

3. 共享——幸福生活之道

作为郑州北门户，省道 S312 不仅应是郑州市民日常休闲目的地，还应成为展现市民风貌、游客百姓共享的"幸福生活之道"。

方案因地制宜设置门户节点和公共空间，服务不同人群。策划开展亲子农业体验、沉浸式黄河观光、黄河水情科普、在地自然教育、生态环保体验等慢生活主题活动。以黄河农耕体验节、沿黄自然马拉松等特色活动，响应"全民健身"热潮，提升幸福指数，打造网红打卡地、幸福新名片。

以"共建、共赏、共享"为指引，构建"一廊（沿黄生态廊最美风景道）、四段（田园童梦、绿野寻踪、大河风光、松杉塘韵）、六驿（上水驿、南月驿、八堡驿、马渡驿、黄河驿、三坝驿）"的总体景观结构，涵盖省道 S312 道路红线内绿化、道路两侧生态廊道、慢行系统、公园节点和各项配套设施。将实现总绿化面积 262 万 m²，绿地率超过 84%，年固碳量超过 13700t，成就"大河之道"绿色综合体。

图 2　现状矛盾分析图
图 3　项目定位分析图

图 4 生态林带结构图
图 5 道路绿化示意图
图 6 门户节点示意图

四、设计亮点——三生合力共谋黄河大保护

1. 集约资源——微雕式生态保护

方案紧密围绕用地内部与周边生态本底，坚持尊重场所精神、应用尽用场地现状、主打区域乡土植物，提出"微雕式"生态保护措施。模拟自然林地群落结构，结合城市风廊规划，以近自然手法"刻画"弹性生态背景林带，连接现状公益林、防护林、基本农田斑块。以背景林带为底，选用特色花木为前景，明晰主次疏密，设计疏林草地、花林花境、草坡旱溪，重绿、增花、增彩、增香，"雕琢"绿色本底中的特色沿黄风景花园（图 4）。

为保障黄河大堤、淤背区安全，方案将廊道分为 6 个汇水分区，各分区每 2km 设置下凹绿地，充分利用地形地貌，在廊道边缘设置全段贯通的生态草沟，消纳雨洪、防止积水，打造 31km 海绵体系。

2. 以人为本——针灸式风貌提质

围绕用地主体功能及主要服务人群，提出"针灸式"风貌提质。首先保持省道主体功能不动摇，方案考虑道路限速，采用雪松、白蜡配合地形、草坪，打造极具韵律的道路红线内绿带（图 5），并见缝插针设计风景停车场、大堤路边停车场和林下潮汐停车场三类停车空间，规划车位 2900 余个，缓解沿线停车压力。

配合省道"郑北门户"定位，在省道与各干道交叉点设置"大河流韵""大河之冠"两大门户节点与 40 余处端头花境（图 6），未来将成为精致化地标节点。

同时，设计贯通全线的慢行系统，连通城区与黄河大堤，承接"国家黄河绿道"战略。根据省道沿线村落分布、人口密度与游览热度，利用林缘、林下精准设置 13 处节点公园绿地，穿针引线地完善功能设施，满足市民与游客休闲游赏、徒步野营、户外运动等需求，构建占地省、扰动小、功能全的公共空间系统。

3. 幸福黄河——主题式活动策划

黄河保护与高质量发展的终极意义在于提升人民幸福度。方案紧扣"幸福黄河"主题，凭借优质生态环境与精致配套设施，开展"一百六十里黄河健步走、十公里黄河森林马拉松"活动，鼓励市民"全民健身"。"四段"根据现状植入"田园风光·亲子农耕""黄河科普·水情文化""黄河生活·大河风光""黄河生态·自然课堂"主题。在运动中观光，在休闲中学习，提升百姓日常生活幸福度，激发市民与游客的"黄河大保护"责任感与使命感。

五、结语

习近平总书记指出："保护黄河是事关中华民族伟大复兴的千秋大计。"作为黄河流域生态保护和高质量发展"先手棋"的郑州省道 S312 生态廊道项目，集合现状优势资源，灵活运用生态工法，在郑州沿黄区域建设"林、田、水、城"联动走廊，探索出一条三生协调、黄河保护、共同繁荣的可行路径。

项目组成员名单
项目负责人：周 璇 陈菁珏 叶 枫
项目参加人：郭 波 陈艾扬 张鑫乾 胡诗璐
          曹 禹 周 军 禄梦洋 肖祎芃

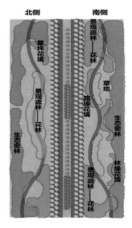

生态筑基，园业共荣

——新疆生产建设兵团第十二师头屯河东岸万亩绿心项目

新疆城乡规划设计研究院有限公司／普丽群

提要： 通过头屯河沿线的生态治理与修复，融入景观功能、游憩功能，带动了周边区域全产业链的业态集聚和发展，实现了人与自然和谐共生。

一、项目背景

头屯河发源自天山山脉中部，流域长度约190km，是乌鲁木齐市、昌吉市和新疆生产建设兵团（以下简称兵团）第十二师的联系纽带。由于历史沿革、行政区划、属地管理变迁等原因，头屯河两岸的生态环境破坏严重，一度是两岸居民心中的"头疼河"。

2012年以来，自治区决定实施头屯河谷生态治理和绿化工程，2019年，兵团第十二师头屯河谷万亩绿心项目作为兵团乌昌新区先导工程正式启动，项目区位于乌昌行政辖区交界处的头屯河东岸，由头屯河、北疆街、兴国路、中山路围合呈扇形，东西长约2.86km，南北宽约2.34km，总规划面积约420hm²，其中核心绿地（头屯河谷森林公园）建设项目为127hm²。项目实施不仅是对头屯河两岸自然生态环境的修补与修复，也是助推天山北坡经济带城镇发展的动力引擎。

二、现状概述

项目区西侧是头屯河，东侧紧邻兵团五一新区规划的CBD和三坪农场广袤的耕地、林园。区内地势南高北低，东高西低，由于多年洪水的冲刷和无序的建设，地形复杂多变，用地内还分布有学校、老厂区、粮油储备库、林地、园地，西绕城高速从项目区中间穿越，串联乌昌地区的电力、通讯、国防电缆等市政设施纵横交错，原生的植被群落零散分布于项目区内（图1、图2）。

三、总体思路

（一）定位目标

本项目总体规划以区位优势及资源禀赋为基础，中华文化为依托，兵地共荣为目标，通过头屯河滨水生态环境营造，打造集"吃住行商、养学闲情"为一体，功能完善、产业融合、经营多元、品牌凸显的融合型旅游产业园。力争将万亩绿心建设成为"头屯河域新画卷、兵地共荣风尚标、一带一路美家园"。

规划提出五大建设理念、十项设计策略，以及"一脉、三板块、五视界、九组团"的设计结构（图3）。

（二）规划理念与策略

1. 理念一：开放的绿心，借城力，倡导多元，兼收并蓄

分析区域环境，建构园区发展格局。基于现状生态环境评估，调整优化万亩绿心的用地结构，生

图1

图1 项目建设前现状照片

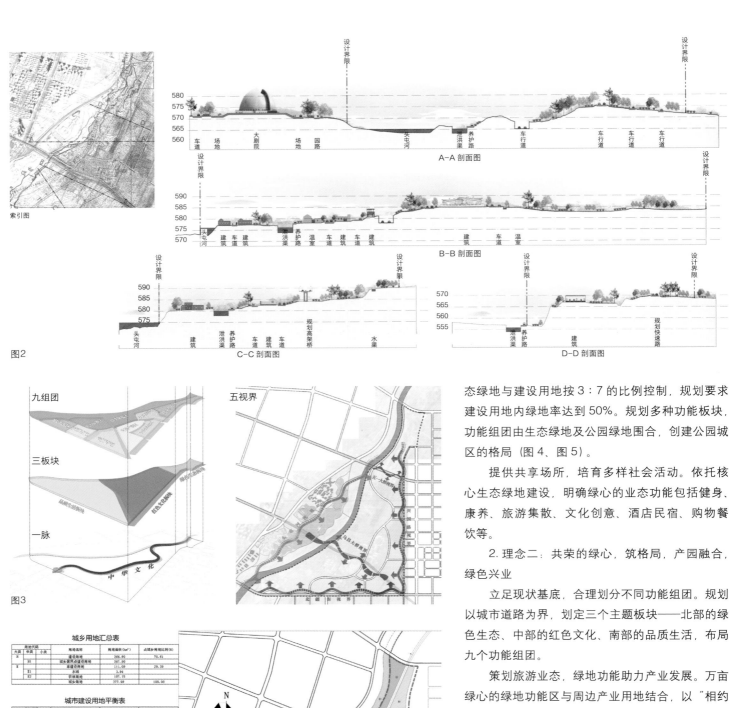

图2

A-A 剖面图
B-B 剖面图
C-C 剖面图
D-D 剖面图

索引图

图3
九组团
三板块
一脉
中华文化

五视界

城乡用地汇总表

城市建设用地平衡表

图例

E1	水域	B3	娱乐康体用地
E2	农林用地	B9	娱乐用地
A21	图书馆展览用地	B31	其他服务设施用地
A3	教育科研用地	S4	交通场站用地
B1	商业用地	S1	城市道路
B14	旅馆用地	G1	公园绿地
B2	商务用地	R1	一类居住用地

图4

图2 场地现状断面图
图3 空间结构图
图4 用地规划图

态绿地与建设用地按3:7的比例控制，规划要求建设用地内绿地率达到50%。规划多种功能板块，功能组团由生态绿地及公园绿地围合，创建公园城区的格局（图4、图5）。

提供共享场所，培育多样社会活动。依托核心生态绿地建设，明确绿心的业态功能包括健身、康养、旅游集散、文化创意、酒店民宿、购物餐饮等。

2. 理念二：共荣的绿心，筑格局，产园融合，绿色兴业

立足现状基底，合理划分不同功能组团。规划以城市道路为界，划定三个主题板块——北部的绿色生态、中部的红色文化、南部的品质生活，布局九个功能组团。

策划旅游业态，绿地功能助力产业发展。万亩绿心的绿地功能区与周边产业用地结合，以"相约兵团绿心，品赏百态千姿！"为旅游主题，并策划了多个旅游产品。

3. 理念三：多彩的绿心，依林田，激发活力，四季变幻

结合现存林地，布局水田林丘网络。生态绿地布局依坡就势，形成台地、坡地、溪谷、广场、林地等空间形态，充分尊重现状环境，曲直结合，旧景添新意，形成新旧林网与水系地形、节点景观交合互融的生态网络。

运用景观手法，营建统一风貌格局。规划将规划区内商旅中心和旅游集散中心与大剧院形成三角形布局，实现空间呼应，核心绿地景观形成多条景观轴线串接大剧院和规划区内的标志建筑。

图 5　总平面图

① 停车场
② 映月湖
③ 公共厕所
④ 休闲广场
⑤ 绿荫广场
⑥ 公共厕所
⑦ "迎风"雕塑
⑧ 景观亭
⑨ 休憩长廊
⑩ 军垦塔
⑪ 公共厕所
⑫ 金麟湖驿站
⑬ "平"语近人竹简墙
⑭ 玉亭湖
⑮ "两山"理论景石
⑯ 金麟湖
⑰ 新疆游客集散中心
⑱ 十二师博物馆
⑲ 雪莲广场
⑳ 月牙湖
㉑ 入口广场
㉒ 仙湖
㉓ 民族团结万花筒
㉔ 玻璃桥
㉕ 游客服务中心
㉖ 停车场
㉗ 河谷慢生活街区
㉘ "瑞兽献宝"雕塑
㉙ 公共厕所
㉚ "五福捧寿"广场
㉛ 喷泉
㉜ 将军塔
㉝ 元宝湖
㉞ 百福广场
㉟ 如意湖驿站
㊱ 如意湖
㊲ 停车场
㊳ 景观亭

图5

4. 理念四：温暖的绿心，促和谐，传承文化，福泰安康

传承兵团文化，自信促进国际交往。项目区核心绿地空间内，规划布局多个文化节点，展示一代代兵团人扎根边疆、勇于奉献的精神，体现兵团的开放蓬勃和文化自信。

注重人文关怀，绿色引领美好生活。从人文关怀角度出发，核心绿地景观空间结合不同年龄段人群的游赏需求，设置了动态活动与静态游赏区域，考虑社会团体的休闲需求，提供大小不同的场地空间，以绿色引领美好生活。

5. 理念五：智慧的绿心，建系统，通时达变，区域联动

依托交通优势，配套完善公共服务系统。功能组团间的交通路网联系外围城市道路，设置区间车站点、自行车租赁点及健身绿道。核心绿地内形成主、次、支园路系统，串接各景点和头屯河风景带。

建立数据平台，创造便捷通联路径。区域内的建设开发凸显大数据时代的互联互通，构建"智慧绿心"区域型App，在整个片区实行一卡通服务，实现便捷的一站式服务。

四、核心绿地（头屯河谷森林公园）设计

（一）功能定位

核心绿地建设用地约为127hm²。核心绿地定位是具有森林游憩、滨水活动、田园休闲、养身健体、生态科普、创意农业等功能，辐射十二师西郊

图6 月牙湖实景照片
图7 溪流跌水
图8 实景鸟瞰（李向东摄）

合文化小品分布在园路周边。

3. 水体

因头屯河兼具防洪任务，河道深、纵坡陡，难以满足游人亲水需求，公园设计从头屯河干渠引水，在园中以浅溪流贯穿南北，串联大小水面，形成多个景观水面，同时兼有绿化灌溉蓄水点的功能。园内除了自然水系的布局，分别于文化娱乐区中心广场、中心活动区的金鳞湖中设计了百米跑泉和大型水幕喷泉，活跃了公园氛围，聚集人气（图6、图7）。

4. 植物

车行路沿线绿化注重高大乔木与绿篱、花卉的搭配，丰富立面层次和韵律。生态休闲区内植物以林果品种为主，结合缓坡形成不同林果的种植带，供采摘活动开展。中心活动区绿化种植形成多个主题植物园，白桦园、海棠园、红叶园、菊园、月季园等特色植物的运用，描绘了多彩的画卷。文化娱乐区植物景观多以自然群落式种植为主，结合景点的设置、地形的起伏、文化的表达，形成彩叶林带、特色植物组团和主题花园的绿地空间。

5. 建筑

公园中标志性的景观建筑是军垦塔和将军塔，一座位于乌昌大桥南侧的头屯河边，一座位于五一大桥南侧的高地上，两座象征兵团精神的景观塔与大剧院、新疆游客集散中心形成了区域的控制地标。园内休憩及服务建筑以新中式风格和现代风格建筑为主，或临水布置，或隐在林间，与自然景观相映成趣（图8）。

五、结语

走进今天的头屯河河谷森林公园，鸟语花香，生机盎然，一系列全民文体旅品牌活动的开展，让公园不仅成为中华传统文化、军垦文化、地域文化的交汇地、传播地，也积极带动了周边农场第一产业的整合提升，第三产业的协同发展，真正落实了党中央提出的以人民为中心，生态为民、生态惠民、生态利民的发展理念。

项目组成员名单
项目负责人：王　策　普丽群
项目参加人：王　璐　时　波　李　霞　侯　莹
　　　　　　刘骁凡　翁东杰　罗清安　司育婷
　　　　　　王　莉　李翔天

图6

图7

图8

三场文化、旅游、康养、服务产业发展的文化休闲森林公园。公园依托现状城市道路分为三个功能区，包括北部的生态休闲区、中部的中心活动区和南部的文化娱乐区。

（二）要素设计

1. 地形

公园现状沿河地形复杂多变，场地竖向设计中充分结合河道标高、绕城高速标高、现状植物组团标高以及留存在场地中市政设施的标高，尽可能就地平衡土方的前提下塑造场地空间，通过坡、丘、谷、台的地形营造手法，最终实现了自然协调的空间景观。

2. 园路广场

公园南北长约4.5km，东西向最宽处600m，为方便游人游赏和周边业态融入，公园的园路系统采用了6m宽车行道、4m宽慢行道及2.5m宽木栈道南北贯穿，局部形成环状路网。公园内部避免大尺度的广场，仅在南部文化娱乐区为满足文化活动的开展设计了中心广场，适宜尺度的休闲广场结

上海北外滩城市滨水会客厅景观提升

——以上海虹口滨江段公共空间景观提升项目为例

上海市园林设计研究总院有限公司 ／ 杨宇辰

提要： 本文立足虹口滨江段公共空间的历史文化和绿化景观现状，通过三道贯通、景观提升、夜景塑造、文化传承和设施完善等手法，探索城市公共空间更新路径。

一、项目背景和概况

"人民城市人民建，人民城市为人民"。上海市在城市建设中始终以民生和社会效益作为检验成功的重要衡量因素。《上海市城市总体规划（2017—2035）》中提出将上海建设成追求卓越的全球城市；《黄浦江两岸公共空间贯通开放概念方案》明确要"还江于民、还景于民"，把黄浦江两岸公共空间建设成为世界级滨水空间。上海黄浦江两岸45km公共岸线贯通工程是2017年上海市政府一号重点市政建设项目，虹口滨江段工程是贯通工程的重要组成部分。虹口滨江段因与黄浦老外滩呈直角相接也叫北外滩。虹口区作为上海国际金融中心和国际航运中心重要功能区，其中北外滩核心地区为中央活动区的承载区。

虹口滨江公共空间贯通范围西起外白渡桥接黄浦滨江老外滩段，东至秦皇岛路接杨浦滨江段，北至东长治路，南抵滨江岸线，分为上海港国际客运中心段、置阳段、上海国际航运中心段、瑞丰国际大厦段，共计4个分段，全长总计2.5km，改造面积合计13.7hm²（图1）。

改造前虹口滨江存在两大提升难题，即空间不开放、存在阻碍贯通的断点，以及绿化空间过于浓密郁闭。本次提升工程从三道贯通、视线贯通、绿化种植提升、活动空间品质提升、夜景亮化提升、历史文化氛围营造等6个方向优化，由点到面地打造炫彩滨江公共空间。

二、项目创新特色和亮点

（一）江边林间，三道入滨江

慢行系统漫步道、跑步道、骑行道"三道贯通"是虹口滨江空间贯通的核心工作，贯通后的虹口滨江岸线总长2.4km，实现了各类步道总长度6.3km的突破（图2）。

虹口滨江公共空间"三道贯通"是漫步、慢跑、骑行于一体的慢行系统贯通，根据场地条件确定"三道"的选线和长度。其中，跑步道与骑行道以借助人行道、架设钢结构步行桥、轮渡站二层平台、绿地草坡、防汛通道等方式，最大程度利用现状条件，打通原先阻碍贯通的断点，漫步道则蜿蜒穿梭于树荫下、码头边（图3、图4）。

在实施细节方面，建成的跑步道和骑行道单向1.5m，双向3m，骑行道坡比小于1:12，保证坡

图1 虹口滨江公共空间分段航拍图（杨宇辰绘制）
图2 虹口滨江公共空间"三道"慢行系统贯通图（杨宇辰绘制）

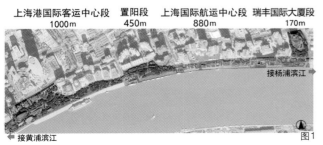

上海港国际客运中心段 置阳段 上海国际航运中心段 瑞丰国际大厦段
1000m 450m 880m 170m
接杨浦滨江
接黄浦滨江
图1

2692m 骑行道
3766m 跑步道
漫步道
图2

高阳路人行连廊实现贯通　公平路轮渡站顶层贯通

秦皇岛路轮渡站形成通路

上海港国际客运中心段　　　置阳段　　上海国际航运服务中心段

人行道铺设跑步专用道
与黄浦滨江实现贯通

杨浦滨江

黄浦滨江

图3

图4

图 3　虹口滨江公共空间贯通断点应对策略（杨宇辰绘制）
图 4　虹口滨江公共空间贯通——人行连廊贯通（杨宇辰拍摄）
图 5　虹口滨江林下空间改造前后对比（杨宇辰拍摄）
图 6　国客段"流光星河"彩虹桥节点夜景效果 1（杨宇辰绘制、
　　　钱成裕拍摄）

图5　　改造前　　　　　　　　　　　　　　改造后

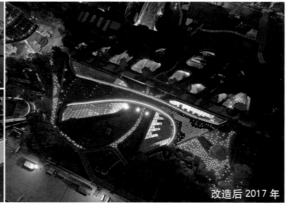

图6　改造前 2015 年　　设计方案 2016 年　　改造后 2017 年

比的安全舒适。

道路线形流畅避免连续弯道，漫步道借用场地内铺装条件设置，不设定标准宽度，横向保证平面线形自然流畅。骑行道采用深灰色沥青材质，跑步道选用砖红色透水沥青材质，漫步道依托场地现状条件设置。三道贯通与景观空间充分融合，优化流光步道两侧的林下绿化，增加观赏性地被花灌木色彩，控制灌木高度，为市民提供林下观江视点。沿码头的 800m 观江景步道，通过透明钢化玻璃围挡的设计，让游客能近距离与上海国际邮轮港的邮轮进行视线对话。

（二）百花齐放，繁花艳虹口

在绿化提升层面，虹口滨江改造结合滨江绿色森林天际线资源，设计林下广场、林间观江景平台、林下花境、林下星光步道等景点，为市民呈现可玩、可赏、可感的 24h 炫彩滨江。

种植设计运用色彩风貌规划理念，以代表睿智包容、大气谦和的"红粉色系"为虹口滨江段的观赏花灌木主色系，增加花灌木的种植面积和种植密度，以同色系的花卉打造出花境、花海和花带景观。选择具有"小清新"气质的洋红、粉红及绯红色系花卉和花灌木品种，打造具有海派气质的林下色彩。

针对上层植物和中层植物郁闭度过高的情况，在郁闭度高的区域内修枝并移除部分高灌木；在林下设置广场时留出树穴，跑步道的选线绕开大树主干，在扩大活动场地的同时完整保留滨江绿色天际线；打通林下视线，让游人充分欣赏对岸的浦江美景（图 5）。

（三）星河璀璨，炫彩北外滩

在"都市森林、炫彩滨江"设计主题中，夜间的炫彩效果是其特色。本次提升工程大量增加景观性亮化的内容，重点打造国际客运中心段（以下简称"国客段"）彩虹桥"流光星河"的夜景效果，大面积的星光地埋灯、芦苇灯运用于活动广场区域，BOX 灯运用于防腐木大台阶垂直侧，在立面和平面上营造出星河流淌的效果，将北外滩打造成为新的网红景点（图 6、图 7）。

在国客段林下道路两侧打造出 800m"流光步道"，通过 LED 流苏灯和投光灯提亮两侧乔木，形成繁星流淌的夜景效果。

同时，全面提升置阳段弧形广场全景式灯光，在树林草地内设置多条长约 100m 的弧形石阶，于石板内侧设置灯带，使其在夜间形成"光弧"景观（图 8）。

在置阳段的广场护栏下设置灯带，在广场地面上投影动态流淌波浪灯，月光星河夜景的效果受到夜游市民的青睐（图9）。

（四）历史文脉，循迹虹口港

虹口滨江具有深厚的近代历史文化基因，是红色文化发祥地、海派文化发源地、近代港口码头文化发源地和海上丝绸之路城市节点。

本次提升工程设计提出运用印刷、浮雕等方法，在步道、汀步、围墙和地下商业通风井挡墙上增加虹口滨江的文化图腾。

提升中用透明玻璃长廊替代原有锈迹斑驳的钢丝围网，钢化玻璃长廊底座部分内嵌灯带，提升夜间观赏性。设计施工单位通过搜集整理虹口老码头的历史图片，运用丝网印刷工艺将老照片印在玻璃围挡上，形成一条长达880m的虹口老外滩"历史长卷"，市民可利用公益WIFI，扫描镶嵌在玻璃上的图片和二维码，在观赏浦江两岸美丽景色的同时，了解"码头衍变""西学东渐""名人踪迹"等浦江沿岸百年历史。

图8   改造前 2016 年   改造后 2017 年

（五）配套提升，滨江为人民

在虹口滨江的公共游憩服务设施设置方面，做到每250m半径内提供较为完善的公共配套服务体系，如灯光球场、儿童游乐场、露天剧场、主题雕塑等多元化的文化体育设施。同时，沿途设置移动厕所3座，直饮水2处，废物箱24座，休憩座椅17处，非机动车停放点1处，绿道指示标识10余块，全方位保障了滨江全天候的游赏便利。

本次提升工程对标识系统开展了原创定制设计，设计单位根据上海市黄浦江建设管理办的标识系统总体设计要求和相关的国家规范，设计出3大类21小类的标识牌。3大类分别为：景点说明类、位置引导类和警示类。为提高夜间服务效率，标识牌采用发光设计，保证标牌内容在夜晚清晰可见，实现全天候引导功能（图10）。

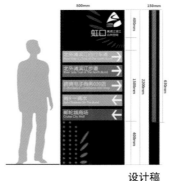

图9   游艇栓桩景观座椅   栏杆下方发光灯带   动态投影灯

图10   设计稿   成品夜景效果

图7　国客段 "流光星河" 彩虹桥节点夜景效果2（杨宇辰拍摄）
图8　置阳段 "光弧大台阶" 景观（杨宇辰拍摄）
图9　置阳段游艇俱乐部码头开放提升夜景效果（杨宇辰拍摄）
图10　标识系统设计方案（杨宇辰设计绘制）

三、项目建设的意义与效益

自2017年7月1日贯通开放以来，虹口滨江公开空间人气不断提升，游客络绎不绝。虹口滨江提升改造工程有效带动了滨江区域的地价增值和资本投资，临近区域的轨交、道路、城建大规模启动并落成，极大地推动了虹口滨江城市滨水"会客厅"的打造速度。该项目对国内滨水"会客厅"空间的建设具有一定参考价值。

项目组成员名单

项目负责人：钱成裕

项目参加人：杨宇辰　戚锰彪　黄慈一　吴小兰
　　　　　　徐元玮　王丹宁　李肖琼　翁　辉
　　　　　　李　雯　刘彦彤

实现"最后500m"休闲需求

——北京经济技术开发区9号绿地景观提升项目

北京北林地景园林规划设计院有限责任公司／李 煜

提要：本案以解决城市现实困境、满足人民群众实际需求为出发点，通过实施更新将消极空间转变为充满活力的社区公园。

本项目位于北京经济技术开发区（以下简称"经开区"）核心区内，占地约1.4hm²，属规划分区中的9号街区，故称9号集中绿地。场地北临科慧大道，东接天宝中街，南、西边界分别为二十一世纪实验幼儿园及北京市第二中学亦庄分校，周边有多处住宅小区（图1）。

作为经开区较早实施绿化的场地，存在着生态不足、空间单调、设施缺乏等问题（图2），场地"有公园之名、无公园之实"的现实困境与经开区"宜业宜居绿色城区"的功能定位之间存在极大偏差，政府和市民对其进行改造的诉求也非常强烈。

项目团队在对现状进行详细踏勘和对周边居民进行访谈之后，明确其位置的特殊性及使用需求的多样性，通过设计将一块未被充分使用的"消极空间"转变为一处亲近市民、贴近生活的"活力公园"。

一、开展城市更新，实现"最后500m"休闲需求

社区公园作为城市开放空间体系中承担"最后500m"休闲需求的重要载体，与居民的日常生活紧密相关，正是本项目的核心出发点。

（一）从"路侧绿化"到"植物课堂"

基地现状存在地表裸露、植物种类单一、种植层次单调等问题，且地形平坦。设计通过提高乔木占比、常绿落叶比、地被覆盖度，增加花灌木、彩叶树等方式改善种植结构、丰富空间层次，并

图1 平面图

结合微地形塑造构建多样化的生境从而提升生态稳定性。

设计充分保留场地内长势良好的红花洋槐、旱柳、山杏等树种，重点增加国槐、银杏、海棠类、牡丹等林荫及观花树种，并对地被层进行系统性的提升，丰富的植物品种成为居民身边生动的"植物课堂"（图3）。

（二）从"消极绿地"到"社区客厅"

基地紧邻学校及小区，现状调研发现尽管活动空间缺乏、设施破旧，仍有不少市民在有限的场地内晒太阳、锻炼、下棋等。设计着力将这块"消极绿地"转变为实实在在满足多样化使用功能的"社区客厅"（图4）。

二、尊重现状、新老融合

除紧邻基地的幼儿园及中学在面向公园的边界处设有侧门外，现状还集合了城市公共卫生间、水质监测点等设施，北侧科慧大道设有一处公交站点。设计采用"化零为整"的手法，"随直就曲"构建一条长约500m的慢行环路，使之成为兼具通行、观景、散步等功能的路线，打造"共享活力环"，并通过新老要素的有机融合将人群活跃度高的区域串联，具体包括：

（1）南侧临近幼儿园及中学的红花刺槐树阵，树形优美、绿荫如盖，其下则是接送孩子的家长踩踏而出的便捷土路。设计充分尊重人们的使用习惯，将其改造成为孩子们的"林荫上学路"（图5）。

（2）科慧大道沿线，保留现状柳树界定的沿街空间，去除长势较差的桧柏及绿篱等，重点增加西府海棠、八棱海棠、北美海棠等品种，引入曲径元素打造"海棠花街"，形成流线畅通、景观优美的临街慢行路。

（3）幼儿园、中学出入口处结合现状国槐、雪松等大树设置林荫广场，树池坐凳、阶梯座椅、特色廊架为家长们提供舒适的等候及放松空间（图6）。

（4）在破损的铺装原址上设置的儿童活动场不仅为孩子们提供奔跑、攀爬、玩沙子等机会，设计还创造性地将声母、韵母表运用于铺装中，营造寓教于游的空间体验（图7）。

图2　改造前照片
图3　丰富的植被
图4　课间游戏
图5　林荫上学路改造前后对比图

图6

图 6　承载"放学半小时"的时光容器
图 7　大树围合的儿童活动场
图 8　沙坑旁的休息空间
图 9　公交站台后的候车空间
图 10　声母、韵母线铺装

三、紧扣百姓生活，打造"有温度"的社区环境

　　作为社区不可分割的组成部分，社区公园这片盎然的绿意空间承载了人们原有的使用需求，还极大地促进了日常交往与情感沟通，培育充满暖意的社区氛围。

　　校门处新增的林荫广场不仅极大地改善了上下学时拥挤的状况，还为接送孩子的父母、老人提供等候、闲坐、交谈的机会。儿童活动场里不仅有孩子们的玩乐空间，林中座椅也为陪同家长提供交流子女教育心得的机会（图8）。公交站台后新增的休息场地不仅方便居民候车，也增加了原本陌生的邻居之间嘘寒问暖的可能（图9）。即便是公共卫生间前新添的几处坐凳也能为奔波于城市中的出租车司机、环卫工人提供歇脚停留的可能。

图7

图8

图9

四、将新技术环保材料应用于细节之中，"用色彩点亮公园"

　　设计注重材料运用及细节打磨。通过彩色透水混凝土、透水砖等环保材料的选用，结合微下凹绿地，增强雨水下渗能力。铺装设计突出趣味性，如儿童活动场设置声母、韵母线铺装（图10），主环路中结合海棠主题，嵌入飞舞、站立两种不同姿态的蝴蝶图案。公园座椅、垃圾箱、标识牌等设施色彩一致、风格统一，形成具有辨识度的细节设计。

五、结语

　　实施改造提升后，我们欣喜地感受到有越来越多的人使用并喜爱这座公园，既能看到海棠盛开、蝶影漫舞的自然美景，又能听到居民们的家长里短、欢声笑语，也期待公园在提升城市风貌、增强社区凝聚力方面发挥更大的作用。

图10

项目组成员名单
项目负责人：李　煜　许健宇
项目参加人：韩　雪　姜　悦　张　涵　李　航
　　　　　　王　蕾　石丽平　刘框拯　陈春阳

城市更新中的记忆传承与焕新

——江苏扬州冶金厂景观设计与建设实践

广州怡境景观设计有限公司／蒋晶石　王静怡

提要： 旧区改造是城市化和经济发展的必然产物，它对完善城市功能、提升城市形象和提高市民生活质量具有诸多益处。实践过程中既要延续场地历史文脉，同时满足现代人的生活需求是本项目的重点。

引言

　　城市更新项目面临着各种难点和问题，政府需要一个和谐、生态的城市环境，市民希望在旧城区中找到过往的记忆和未来的期许，开发者希望塑造一个品牌和效益兼备的成功项目。在扬州冶金厂旧改项目中，设计团队平衡了多方诉求，在重构价值的设计思想指导下让 61 岁的老厂区重焕新生，以期带动扬州工业城区焕发新的活力。

一、项目背景

　　项目位于扬州极具发展潜力的东南新城，原扬州冶金厂旧址，至今已有 61 年历史。

　　1958 年，扬州冶金机械厂的前身"扬州地方国营电机厂"成立，1998 年，变更为有限责任公司，2004 年冶金厂进行国企改制。随着时代的变迁，曾经热火朝天的工业厂区逐渐"冷却"；2017 年冶金厂给城市建设"让位"，开始陆续停产、整体搬迁。

二、整体策略

　　在项目初期，我们考虑在场地上堆砌种种"亮点"，以夸张的视觉效果替代场地留存的工业痕迹。但在我们去到现场勘察场地后，看到耸立的水杉、落灰的机床、粗犷的砖墙和铺满厂房立面的爬山虎，关于项目的价值导向、设计思路发生了转变。

　　针对"赋予冶金厂一个怎样的新的城市角色？""如何延续工厂的空间气质和文化记忆？""如何重新链接场地与人以及人与自然的关系？"这三个问题进行了深入的思考，设计提出了三大核心设计策略（图 1）：

　　（1）"时光痕迹，文化延续"——保留原有建筑特色，以时间流过的痕迹，让城市工业文脉在空间里延续。

　　（2）"艺术介入，激活新生"——用艺术重建时间，通过艺术装置融入场地，形成独特空间氛围，重建社群归属认知。

　　（3）"自然链接，永续生态"——以自然的形式，链接人与生态之间的关系，塑造与自然共生的永续未来社区，焕发生机。

图 1　工业遗迹与分区策略关系

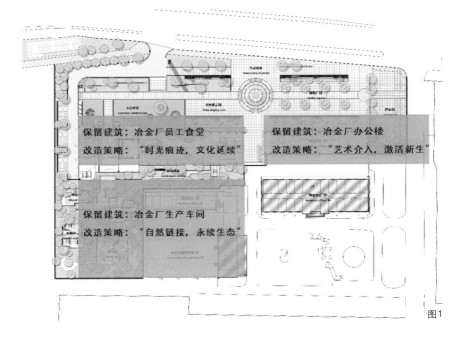

保留建筑：冶金厂员工食堂
改造策略："时光痕迹，文化延续"

保留建筑：冶金厂办公楼
改造策略："艺术介入，激活新生"

保留建筑：冶金厂生产车间
改造策略："自然链接，永续生态"

图1

图2 改造前鸟瞰图
图3 改造后鸟瞰图
图4 改造后场地平面图
图5 文化展示中心水景
图6 旧机器展台

三、设计详解

对于扬州冶金厂旧址场地的改造更新，我们希望在保护工业文化的同时，能够为城市的居民提供一处富有活力的生活剧场、有情感记忆的文化地标。老厂区（图2）的规划是典型的鱼骨状布局。改造的初期我们提出在保留原厂交通体系的基础上，植入贴近现代生活的功能分区（图3、图4）。

（一）从"冶金食堂"到"时光秀场"

我们从原厂房独具特色的墙面，提取砖红、工业灰两大色彩元素，呼应工厂文化，融入环境。项目工业文化展示中心（2号楼）是以前冶金厂的员工食堂，建筑立面特别并且被保留得较为完整，侧边留存七株高大的水杉。我们以简洁的静水面烘托工业遗存，前场搭配野趣的观赏草和疏朗的乔木，在立面上强化建筑的主体性（图5）。

入口处水景以耐候钢板做立面材料，与建筑立面的红砖交相辉映，同时大面积水景将建筑立面完整地倒映出来，提升了原工业场所的可观赏性。

（二）从"厂区办公"到"剧场生活"

商业街区原为旧时厂区的办公楼，保留了非常多的生活记忆。我们把往日承担着重要角色的机床设备原样放置在街区，以"陈列"的方式致敬扬州近代工业的发展与变迁，让历史的记忆和力量重新绽放在阳光下（图6）。

我们还以冶金厂发展历史的各大重要时间节点，拼成记载冶金厂发展的"时光廊道"，延续原本作为厂报、奖状给人们留下的记忆（图7）。

项目的1号楼有一面特别的砖墙，采用原来旧厂房拆下的青砖作为材料，通过运用参数化的设计手法，将其结构再重组，形成艺术性的镂空质感。

图2

图3

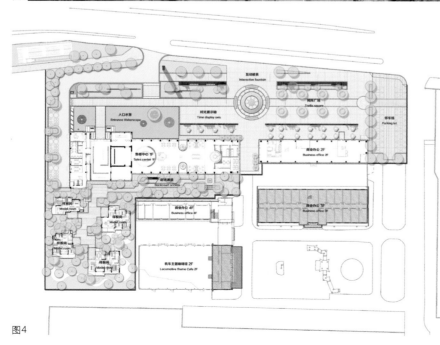

图4

图5

图6

为了让场地景观与建筑砖墙互相呼应，我们在代表冶金厂成立年份 1958 年的时间雕塑中，也采用了旧厂房的红砖材料（图 8）。人们能用眼看到历史的印记，用手摸到老材料的质感，将自己沉浸在过往的历史故事中，想象自己就像是这其中的一块砖，通过情景的代入，去体会和重拾那些曾经的场所记忆。

而在链接人与自然方面，我们保留了靠近建筑的七株水杉，并以水杉为植物起点，加入同为强烈竖向形态、但具有秋色叶的银杏，搭配红砖树池，延续场地植物氛围的同时，丰富了场地的季相变化，也扩大了休闲场地范围，加强了场所的休闲感（图 9）。

另外，我们从原工厂的内部提取了荷花池这一休闲元素符号，设置在前场做了具有灯光效果的感应喷泉。喷泉能感应到游人的脚步而启动，每当夜幕降临，流光溢彩的旱喷广场成为市民休闲放松的好去处（图 10）。

（三）从"工业棕地"到"宜居绿地"

工业棕地，是指由于城市产业结构转型、可持续发展理念的加深、工业区从城区外迁等原因，导致早期的城市工业区开始衰退，部分工业区地块逐渐成为被废弃、闲置或利用率很低的用地。扬州冶金厂地块，在工厂搬迁后也曾是一片荒凉的工业棕地，经过改造更新后焕发欣荣，链接了人与自然、实现绿色永续发展。

在后场通道，我们营造了一条花境小路，多彩的花卉、葱郁的草木抚平了冶金厂旧址的荒凉，让自然与工业并存，使通道蜕变成为一片活力新生的宜居绿地（图 11）。

小径旁的休闲坐凳，增加了行人与花境的亲密接触；室内外视线通透，大气简洁，让工业与自然融合之美呈现。

扬州冶金厂的改造更新链接了扬州东南片区的历史记忆和未来生活，筑牢了城市的工业文化根基，提高了居民的生活幸福指数，将成为扬州人全新的文化地标。

项目组成员名单

项目负责人：蒋晶石　蔡　捷

项目参加人：邓章乐　梁伟雄　许月蕊　伍家铭

　　　　　　王源菁　冯奇健　曲　柳　王静怡

图7

图8

图9

图10

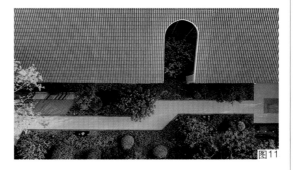

图11

图 7　"时光廊道"节点装置
图 8　旧砖重建的墙面
图 9　广场互动装置
图 10　互动水景实景图
图 11　生态花境鸟瞰

北京城建理工大学 2 号地景观设计手法初探

中外园林建设有限公司／张　宇　郭　明　孙惠一

提要： 城建理工大学2号地（国誉府）是一处新中式风格的居住项目，规划、建筑、园林设计在不同尺度上运用了留白手法，本文主要探讨在"艺术"与"技术"双层面下留白手法的设计实践，并阐释对这二者的理解与传承，进而创作出符合时代需求的园林设计项目。

一、项目概况

项目位于北京市房山区长阳镇，是一处富有中华气韵魅力的现代居住区。项目西侧的良乡大学城汇集了多所高等院校（图1），书香气氛浓厚，东侧的小清河观光带生态环境优美，远山近水孕育和塑造了国誉府（本项目的案名）项目新中式的风格及浓厚的中国园林气质。项目总面积为5.3hm²，绿地率为30%。

二、总体布局

国誉府的景观设计灵感来源于扬州经典园林影园，我们用现代主义的设计手法向经典致敬。影园作为经典园林的典范，位于扬州环境极佳之处，由明朝巨儒郑元勋邀请造园"鼻祖"计成为其母亲设计并修建的，其好友书法名家董其昌游览之余，感叹其景色绝美，意境非凡："园内，柳影、水影、山影，恍恍惚惚，如诗如画。"随即挥毫题写"影园"匾额，该园地被誉为情意、景观、文字三绝。

用以表达孝母之虔诚、人生之感悟、师友之往来、历史之回翔，洋洋洒洒，意趣天成之意。方案取意"影园"淡泊自然、平和大雅，与国誉府东方雅韵的新中式建筑风格完美呼应。

建筑规划为分散式布局，建筑设计运用"中魂西技"的设计手法，汉韵唐风的建筑风格结合西式建筑手法，建筑引入科技住宅智能系统，不仅是对中国传统文化的自信与传承，也有对西方建筑舒适度营造技法的谦虚借鉴（图2）。

空间布局上形成了多个独立的开放院落空间（图3），楼宇间绿地体现着均好性，汉唐风韵的独栋身姿，诠释着新中式的风骨，增添了朴实无华的国风韵律。园林空间与建筑风格相得益彰，人们安居其中，旨在回归中国人的精神原乡。园林景观以借景、对景、障景等多种形式来组织空间，通过叠山理水、葱茏奇木、廊亭景墙等，勾勒"剪影、如影、潭影、疏影、虹影、对影"六大主题花园（图4），写意山、水、林、泉之韵，营造以小见大，虽由人做，宛自天成的美妙意境，呈现可居、可游、可赏、可想、可藏，泼墨出诗情画意的中国式园林美学。

图 1　国誉府项目区位
图 2　建筑风格

图1

图2

三、景观策略

"国誉府"景观结构通过景观三环（图5）即公园环（安全）、花园环（安静）、家园环（安逸）层层呵护，形成公园中花园，花园中的家园。公园环运用地形内向围合，实现呵护全园；花园环提供花园式的户外休闲、漫步空间，情景交融；家园环打造亲情邻里空间，处处营造"家"的归属感。种植设计以"境中生花"（图6）为理念，将公园、花园、家园三园层层递进；生境、画境、意境三境融为一体；境中生花，寓意花花草草皆有生命与意境，意境融于自然。在展现植物生态美、姿态美的同时突出植物的意境美，即利用植物的美好含义及品格赋予各个景点吉祥美好的精神内涵。

（一）艺术层面——虚实相生，境心相遇

"留白"是中国艺术作品创作中常用的一种手法，指书画艺术创作中为使整个作品画面、章法更为协调精美而有意留下相应的空白，留有想象的空间。"留白"在景观设计中的运用手法同样蕴含着一种哲理：空白给人以无穷无尽的想象的空间。留白得当的园林景观给我们带来的是一处纯粹、空灵的景致和震撼心灵的美学感受。少既是多，可以引发无限遐想。

"留白"的方法有很多种，我们选取国誉府中的应用阐释一二。做好视线设计，就是"留白"应用的一种。在国誉府的设计中，运用对景、框景、障景等相互因借的借景手法，使景观不至于一览无余，而留出想象空间。设计利用植物、地形、小品形成障景以及开合复开合的景观空间脉络。如影园是从售楼处进入到园区的第一个对景节点，入口内广场如影"君怀天下"，以松、镜面水池、山石分别对应影园的"柳影、水影、山影"，集中体现

了中国传统园林"一拳代山，一勺代水"的经典思想，更有"移天缩地在君怀"的眼界和胸襟。用松、石、水营造"一松一石恋如影，十全十美喜随形"（图7）的美好景致。此处的松石景观，形成视觉焦点的同时一定程度上遮挡人的视线，走过之后再"别有洞天"，使整个园区小中见大。

恰到好处的"留白"极为重要，可以突出主题，营造强烈空间感，还能更好地表达空间。景观

图3　国誉府总平面图
图4　景观分区图
图5　景观结构
图6　种植分区图

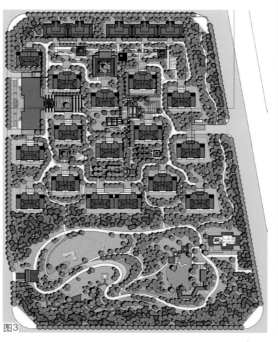
图3

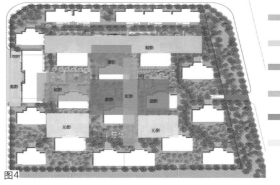
图4

如影（人）——君怀天下
一松一石恋如影，十全十美喜随形。

剪影（石）——坐石临流
横看成岭侧成峰，屋屋剪影各不同。

潭影（水）——上下天光
闲云潭影日悠悠，纯紫嫣红几度秋。

虹影（桥）——瀿濮间想
灿若星斗映水草，一道虹影照前桥。

疏影（树）——古木交柯
千枝万叶碧连天，疏影横斜青草间。

沁影（花）——落英缤纷
繁花春色含娇柔，沁影自会香盈袖。

图6

入口区
荣华富贵　五福临门
（金黄秋色叶+五种果树）

中心景区
十全十美　花好月圆
（十种春花　十种夏花
十种秋叶　十种冬姿）

楼间庭院
金玉满堂（海棠、玉兰）
万事如意（石榴、柿树）
喜上眉梢（榆叶梅、美人梅）
锦上添花（紫薇、木槿）
合家团圆（合欢、核桃）

图5

图7　如影园
图8　潭影园
图9　疏影园一
图10　疏影园二

设计中的"留白"并不是完全意义上的"白",更多的是侧重于"空",是一种强烈的虚实对比。景观设计元素中"实"是指景观中的实体景,例如:山石、建筑物、高大乔木等;"虚"是指与实体相对应的虚景,例如天空、水面、草坪、光影等。以潭影园为例(图8),此处将静水面作为画布是空间中的"虚",在水面种植一棵主景树为"实",周边廊架投影在水中,水波粼粼,水影斑斓,为场地增添了一层趣味。此设计不仅能在大的格调上增添美感,还能增强空间感。水景与周围的景观围合,水为虚,建筑、植物为实,水景的面积越大,留白空间越多,空间感会越强。打造"闲云潭影日悠悠,姹紫嫣红几度秋"的美景,这里的水景庭院,也是小区北侧的主要活动空间。

疏影园—古木交柯中心活动区,是园中独特的下沉空间。为了增加空间层次,提供更丰富的景观体验,项目在实土区域开挖2.65m形成一个下沉活动空间,东侧形成缓坡开敞草坪,西侧形成树荫浓密的林荫路,南北两侧的挡墙上设置了不同形式的种植池和水景,营造"千枝万叶碧连天,疏影横斜青草间"的疏影园。通过设置树池座椅,水景等景观,提供可休憩也可观赏、游玩的休息空间。利用高差形成视线上的对望,上下互为借景,旁开台阶园路园桥联系交通,做到能对望却不能直通(图9、图10),让人感受"路莫便于捷而妙于迂"的意趣。除此之外在整体设计与布局中,我们将"曲"的手法贯穿全园。园路设计曲径通幽,汀步小路曲折迂回,这些手法的运用都加强了国誉府小中见大的效果。白居易讲"大凡地有胜境,得人而后发,人有匠心,得物而后开,境心相遇……"那么我们假设白云游于谷,每栋楼之间就是山谷,楼是山峰,山体三远变化形成章法,气韵生动,一气合成,人可澄怀观道畅游其间。

(二)技术层面——上下统筹 内外兼修

如果说"留白"是从艺术的角度传承了优秀传统文化,创造了符合当代人审美的园林意境,那么从技术应用的角度,"留白"让园林环境更具有整体系统性、环境更具有生态性。

国誉府在项目策划之初就构建了"生命、生态、生活"格局。项目东侧蜿蜒流过的小清河,是国誉府所处区位优越的资源禀赋。滨河公园作为城市的蓝绿空间为居住区提供了生态服务功能,一定程度上对区域的降温、增湿、降噪、净化空气等起着重要作用。构成了居住区的"外围生态防护带"。在上层区位方面,滨河公园生态功能的重要发挥,是"布局留白"在技术层面新的应用。在应急调控方面,居住区南侧的公园绿地与小区之间有着便捷的道路,把居民活动与城市公共绿地紧密联系在一起,当突发公共事件时(如地震、火灾),公园可以作为就近疏散和临时避难场所。同时由于房山区域地势较低,对于小区的防洪安全,项目中特别注意了雨洪管理设计,设计师通过竖向设计的整体规划,在小区内设置了下沉空间及集水坑,可以就近收纳雨水,在相邻的南侧公园设计了相应比例的下凹绿地,使居住区部分地表径流可以在极端天气下排放至近端的开阔绿地中,一定程度上缓解了排水管道的压力,降低居住区洪涝风险,综合以上达到"内外兼修"双重保障作用,同时能提高居住区及周边绿地蓄水保水能力,更好地发挥绿地的生态效益。

四、结语

国誉府园林景观设计,运用"留白"的手法在艺术和技术双层面下使文化、生态、健康达到一种最佳平衡,即满足居民使用功能的需求,也继承发扬了中国传统园林的设计理念,让百姓在中国园林中诗意栖居,感受中国传统园林文化的滋养,通过本文的初步探究,期望传统园林文化的传承在居住区园林中可以被广泛研究并应用,让传统园林文化在百姓身边熠熠生辉。

项目组成员名单

项目负责人:郭　明　张　宇

项目参加人:李　维　魏海琪　刘颖妍　王　琰
　　　　　　张　濑　周英蓉

图7

图8

图9

图10

"珍珠之海"

——第十一届中国国际园林博览会珠海园

北京多义景观规划设计事务所／林　箐

提要： 珠海园的设计以象征性的手法体现珠海的城市特征，采用新材料和数字化辅助设计方法及施工工艺，创造了可游可赏、充满想象力的花园空间，展现出一个具有创新性的园林博览会城市展园。

一、项目背景

这些年我国举办了大量的园林博览会，举办的频率和规模在全球都名列前茅。园林博览会为中国城市的发展和环境建设带来了许多积极影响，但同时，在可持续发展方面，在展览的思想性、科技性和艺术性等方面，中国的园林博览会也存在着一些问题。为了展示城市形象，扩大城市知名度，园林博览会上的城市展园总是力图在有限的面积中体现城市有代表性的景观，往往容易造成复古仿古、风格混杂和设计要素堆砌的结果，而这些与园林博览会举办的宗旨——体现园林艺术和园艺水平的最新发展是背道而驰的。这也成为历届园林博览会上城市展园的通病。

2017 年第十一届中国国际园林博览会（以下简称"园博会"）落户郑州，珠海市要在其中建造一个代表自己城市的展览花园。作为中国改革开放的前沿城市，珠海市希望这个花园能够突破以往园博会城市展园的模式，带来创新和突破。

二、设计概述

珠海展园毗邻园博园东入口，位于园内华南地区城市展园 F05 地块，南北长约 54m，东西最大距离约 37m，用地范围约 1700m²。

作为园博会上的城市展园，必然要有一定的象征性，能表达出这个城市在某些方面的典型特征，如历史的、地理的、文化的、社会的、科技的、甚至对未来的美好向往等。珠海这座城市的名字从字面上理解，可以被诠释为"珍珠之海"（图 1）。它

是一座美丽的现代海滨城市，拥有弯曲的海岸线，成群的海岛，波浪冲刷的海滩和绿荫覆盖的城市（图 2）。受此启发，花园的设计采用大海与珍珠的主题：曲折的海岸线，蚌壳铺成的白色沙滩，一系列岛屿，一座蜿蜒的栈桥串联起 6 个"珍珠"。小桥在 1700m² 的花园中创造了 180m 长的游览路径，或架于蚌壳滩和水面之上或穿越于树林之中，不断变化着高度和视角，凸显出花园的深远，吸引人们进入花园并体验花园（图 3）。

"珍珠"既是花园中的景观焦点，也是游人驻足观赏和休息的构筑物，设计采用了异形片状格栅构成非线性球状结构（图 4），外形饱满，内部中空（图 5），边界是半透明的，如同珍珠一样晶莹剔透。正对入口的水池中伫立着珠海的城市标志——渔女雕塑。与原版石雕不同的是，这个雕塑

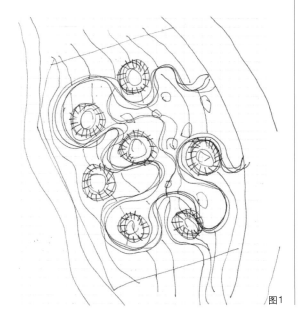

图1　珠海园构思草图

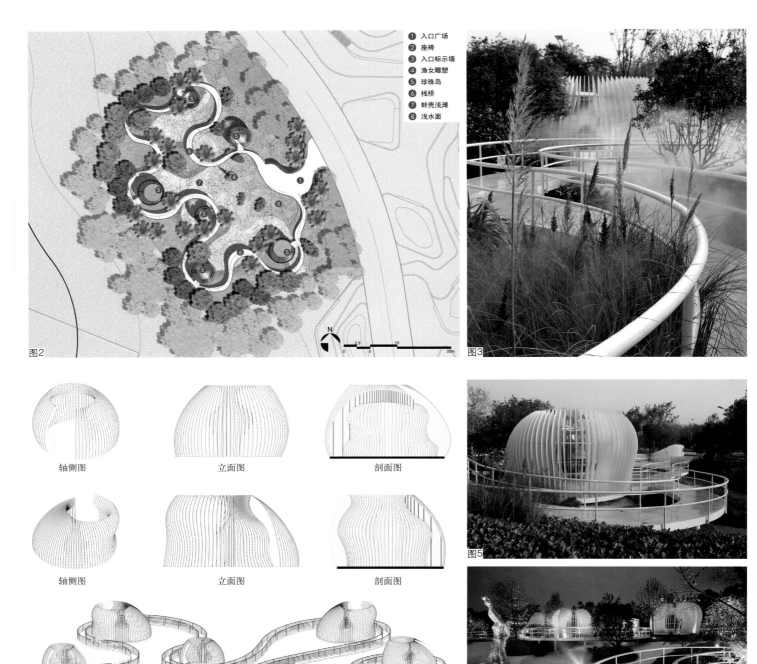

图2

① 入口广场
② 座椅
③ 入口标示墙
④ 渔女雕塑
⑤ 珍珠岛
⑥ 栈桥
⑦ 蚌壳浅滩
⑧ 浅水面

图3

轴侧图　　　　立面图　　　　剖面图

轴侧图　　　　立面图　　　　剖面图

图4　　　　　　　　轴侧图

图5

图6

图2　珠海园平面图
图3　珠海园有丰富的空间体验
图4　异形片状格栅构成的"珍珠"
图5　"珍珠"外形饱满，内部中空
图6　珠海渔女不锈钢雕塑和"珍珠"

采用了更抽象的不锈钢镂空形式，与整个花园的风格更协调（图6）。花园中还设置了几道展示墙面，采用了珠海民间建筑特有的蚝壳墙，且借鉴了石笼挡墙的做法形成一种当代的风格。花园中的植物以绿色为主，突出珍珠和沙滩的素雅，避免团花锦簇以至于喧宾夺主。

珠海园的设计以象征性的手法体现了珠海的城市特征，具有鲜明的风格。它既具有抽象的美学特征，又是可游可赏可停留的花园空间（图7）。它表达的是设计师对珠海这座城市的理解，追求的是

一个能诱发想象、充满艺术气息并具有丰富体验的花园（图8）。

三、项目难点、创新点及特色

园林博览会上的城市展园需要有一定的象征性，能表达出这个城市在某些方面的典型特征。但是我们希望它能够跳出以往城市展园的窠臼，在有限的场地内通过恰当的设计语言和景观布置，体现珠海的城市形象、历史文化及园林景观特色，不仅

要很好地完成展示和宣传珠海的设计目标，还要展现出花园艺术上的创新，以及在材料、技术和建造等方面的新的可能性。

1. 参数化设计

珠海园面积不大，设计简明，但设计含金量非常高。3 种规格的珍珠球，都是非线性三维立体表面，每一个都由 56~78 片格栅单元构成。设计过程中通过调整数字化模型的表皮参数不断推敲珍珠球造型和格栅密度。为达到流畅优美的外形，每一片格栅板的形状都是不同的（图9）。通过数字化模型，我们绘制出每一块石板的形状并将其编号，便于在工厂进行数控加工和穿孔。借助计算机辅助设计软件结合数控材料加工技术，珠海园实现了项目中非线性形态构筑物的精细化设计及施工（图10）。

2. 材料与施工工艺创新

珍珠球的外形轮廓、结构形式、构造节点与所选材料的特性密切相关。为了达到最佳的效果，我们在设计过程中不断寻找合适的材料，每次更换材料，造型、结构和节点都需要调整甚至推倒重来。经过不断比较和实验，最后终于找到了能够体现珍珠洁白晶莹效果的理想材料——人造石。所有的构造节点也经过精心的设计，确保结构牢固和构造简洁。珍珠球钢结构构件对加工精度要求也极高，稍有差错就无法安装，这些也是通过数控加工完成的。所有部件经过建模、分解绘图、合成建模反复验证后才进入材料加工和施工环节，确保现场安装能够顺利进行。此外，历届展园上都出现的珠海城市标志——渔女雕塑，以及展示蚝壳墙，我们都采用了当代的材料和结构形式进行重构，产生更为抽象和现代的形式，与整个园林的风格更为协调。

3. 地域文化的抽象表达

珠海园的设计没有从当地的园林和建筑中汲取素材和文化符号，摒弃了以具象模拟和微缩景观为主的传统城市展园设计方法，采用了象征性的抽象设计手法来展现珠海城市的特质，具有鲜明的风格。设计充分契合了园林博览会体现园林艺术和园艺水平最新发展的宗旨，采用了当代设计理念和数字化辅助设计手段，呈现出一个创新的城市展园。

项目组成员名单
合作单位：北京林业大学
项目负责人：王向荣　林　箐
项目参加人：张诗阳　李　洋　许　璐　常　弘
　　　　　　满　媛　张雨生

图7 "珍珠"也是停留和休息的空间

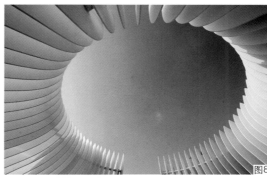
图8 珠海园是一个充满艺术性的花园

图9 "珍珠"的优美线条

图10 入口的非线性座椅和标识墙

图7 "珍珠"也是停留和休息的空间
图8 珠海园是一个充满艺术性的花园
图9 "珍珠"的优美线条
图10 入口的非线性座椅和标识墙

风景园林师2022下　Landscape Architects　125

风景名胜区的生态修复与景观提升

——以山东济南华山山体及山麓景观修复工程为例

北京市园林古建设计研究院有限公司／刘　月　张福山

风景园林工程是理景造园所必备的技术措施和技艺手段。春秋时期的"十年树木"、秦汉时期的"一池三山"即属先贤例证。现代的竖向地形、山石理水、场地路桥、生物工程、水电灯信气热等工程均是常见的配套措施。

提要：济南华山生态修复工程通过修复山体生态环境、构建雨洪利用系统和再现"鹊华秋色"风貌三大策略，探索风景名胜区的历史风貌环境重塑和修复路径。

随着时代的发展和历史的演进，风景名胜区的生态文化价值具有越来越重要的意义。由于开发利用不当，济南华山风景名胜区生态环境遭到破坏，如何平衡人类活动与生态环境的关系、重塑历史文化景观氛围是本项目的重点。

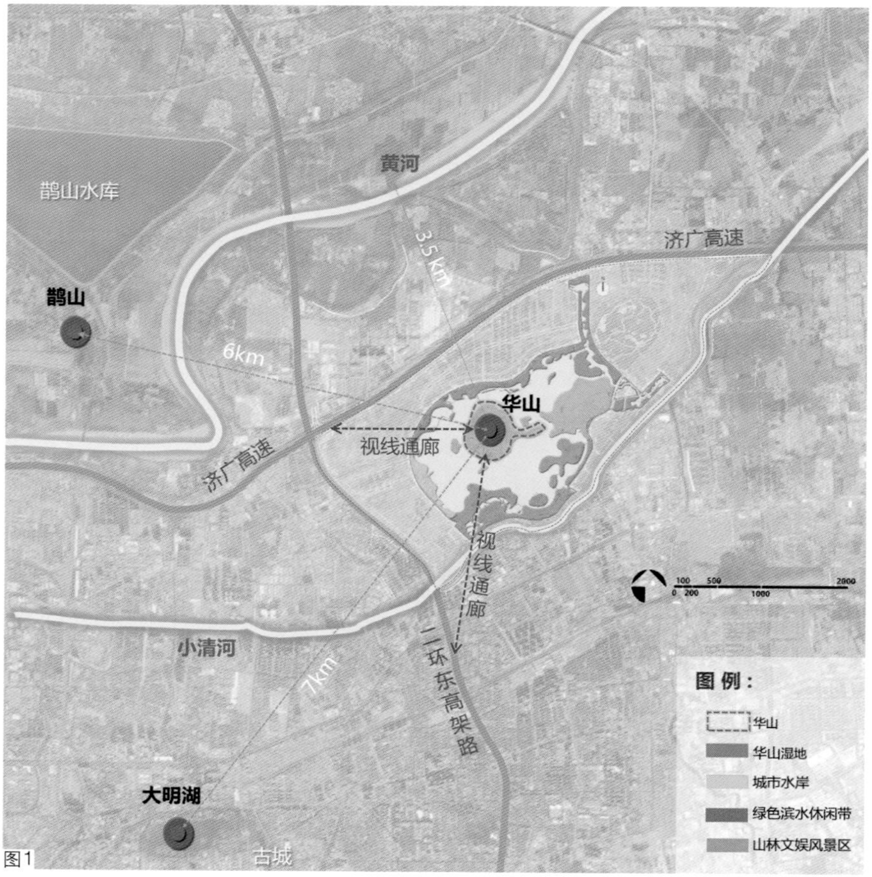

图 1　项目区位图

图1

图例：
华山
华山湿地
城市水岸
绿色滨水休闲带
山林文娱风景区

一、现状概况

项目位于山东省济南市华山风景区的核心区（图 1），总面积约 59.8hm²。在济南"北跨"战略引领下，华山片区作为从"大明湖时代"向"黄河时代"跨越的桥头堡，迎来更新改造契机。

华山海拔 197m，平地突起一峰，景色壮美，居济南名胜"齐烟九点"诸山之首。北魏郦道元在《水经注·济水》记载："华不注山，单椒秀泽，不连丘陵以自高。"唐朝诗人李白也曾在诗中描述华山"兹山何峻秀，绿翠如芙蓉"，描绘的就是华山的地貌特点和秀美景色。

二、现状分析

随着时代的变迁，华山原有的生态环境遭到破坏，失去了往日的自然风貌。项目改造前的环境情况如下：

1. 房屋拆迁，渣土成堆

现状民房拆迁腾退后，留下大量建筑垃圾。由于长时间的居民活动，许多地方存在为放置生活垃圾而不合理开挖形成的沟坎，地貌遭到破坏（图 2）。

2. 水体污染，生境恶化

生产生活产生的各种污染物，大量累积在地表，经过雨水的冲刷，将污染物带到湖中，污染水质，水质逐渐恶化影响了生物的繁衍和生存。

3. 土地荒漠，扬尘严重

现状除了几片现状林木外，大部分区域地表黄土裸露，扬尘严重。雨季易造成水土流失，雨水利用率低，形成恶性循环。

三、总体规划思路

（一）项目思考

以"生态修复，文化传承"为主题理念，因地制宜进行山体及山麓的保护与修复，将动植物多样性保护、栖息地营造纳入城市发展与建设，传承历史，再现著名的"鹊华秋色"景观风貌。在满足使用功能的前提下，尽量减少人工化的景观，尊重现状，保护华阳宫文物建筑及华山地质地貌的遗产价值，因地制宜地修复山体和植被，兼顾华山的生态修复和文化底蕴表达，为民还湖，为后留山。

（二）空间格局

秉承"生态优先"的原则，形成"一轴、一环、八景"的空间格局（图3）。其中，"一轴"为"登山览胜"垂直空间景观序列上的华山文化轴线；"一环"为"观山赏水"水平空间景观序列的游憩环；沿着环线结合历史文化打造形成"华山八景"：华阳巨观、茗华浮香、碧芙华泉、文杏华堂、桃华竹径、水街烟华、石阙华林、梦华创智。

四、设计策略

（一）分层级，修复山体生态环境

保留现状大树，从山体、地形、植被等多方面分别制定策略，针对性展开生态修复，打造有机演进、良性发展的山体生态系统。基于现状，采用分级改造的设计策略，根据不同区域土壤、地形、光照等条件，将海拔197m的华山山体分为山麓新植区、山腰补植区与山顶保护区3个区域层次（图4），并分别制定相应修复措施。

1. 山麓新植区：湖岸线至祥云亭，海拔在20~60m，特色配置、以文立景、林水相映；

2. 山腰补植区：祥云亭至吕祖庙，海拔在60~120m，因地制宜、丰富色彩、突出林相；

3. 山顶保护区：吕祖庙至玉皇顶，海拔在120~197m，保护为主、生态修复、登高望远。

山麓新植区位于海拔20~60m区域，该区域土层相对较厚，厚度在50~200cm之间，具有相对较好的种植条件。本层级的主要措施是修复地形和丰富植被。清理场地垃圾，对有陡坎、深沟等有危险隐患的地形进行梳理修复，形成坡度20°以下深覆盖土层缓坡（图5）。保留现状柳树林，在

植被修复的过程中，采用了60余种先锋性、抗逆性强的乡土植物品种，随坡就势种植松、柏、槐、杨、柳、榆、桃、杏等乡土树种，通过自然式配置展现林木葱茏的山林意境，形成四季多彩的近自然生态风景林。林下设计穿行的小路与休息场地，供游人摄影、放风筝、举办音乐节、野餐等活动，重建山体外缘空间功能，将修复的绿水青山还于民众。

工程前

生态破坏
环境恶劣
安全隐患

房屋拆迁、渣土成堆

渣土成堆

水体污染

垃圾滩地、水体污染

土地荒漠

土地荒漠、扬尘严重

图2

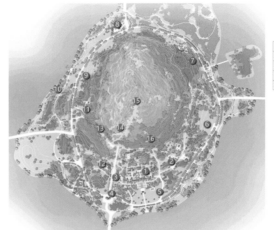

序号	类别	工程量	单位	百分比(%)
1	绿地	568300	m²	95.03
2	铺装	28500	m²	4.77
3	建筑	1200	m²	0.20
4	总计	598000	m²	100.00

① 华阳宫（保留建筑群）　⑨ 风竹华轩
② 茗华浮香　⑩ 水街烟华
③ 华山问道　⑪ 石阙华林
④ 鹊华广场　⑫ 综合服务中心
⑤ 碧芙华泉　⑬ 仙人指道
⑥ 文杏华堂　⑭ 吕祖祠
⑦ 桃华竹径　⑮ 玉皇顶
⑧ 梦华创智　⑯ 谪仙悟道

图3

山顶保护区
山腰补植区
山麓新植区

图4

图2　场地现状分析图
图3　总平面图
图4　山体层级示意图

图 5 地形修复示意图
图 6 雨洪系统示意图
图 7 旱溪跌水示意图

山腰补植区位于海拔 60~120m 区域，该区域地形较陡峭，土层厚度 30~50cm，为坡度在 40°~70° 的浅覆盖土层山坡。本层级以保持水土、丰富季相为主要目的，再现昔日"鹊华秋色"的历史风貌。针对局部较陡的区域通过原石堆叠拦土的方式，增加种植空间，补植桧柏、白皮松、黄栌、

紫叶李、火炬树等，营造《鹊华秋色图》中的秋色叶风貌。

山顶保护区位于海拔 120~197m 区域，该区域地形十分陡峭，土层平均在 30cm 以下，裸露岩石较多，以保护现状山石地貌及局部点缀绿化种植的方式，在重要节点处栽植油松、沙地柏等，起到绿化山体并固土护山的作用，对岩石外露区域进行保护，突出其特色，如现有"飞仙岩""五指石""龟石""一线天""仙人桥"等多处奇石景观。

对动物生境的营造也进行研究与实践，通过现场踏勘，研究分析当地食源植物品种，最终采用了垂柳、国槐、白皮松等骨干树种，搭配海棠、丁香、金银木等食源蜜源植物，同时为野生小动物觅食、繁殖、隐蔽提供场所和条件，构建鸟类、小型爬行类、两栖类、鱼类等生存环境，营造稳定的生态系统。

（二）因山势，构建雨洪利用系统

重新梳理场地地形，统筹考虑场地的雨洪管理，灵活布置下凹式绿地、旱溪等近自然的雨洪设施，建立生态可持续的自然雨水滞蓄及利用系统，将雨水资源化利用。

构建联通的水系网络。通过整体梳理现状地形，将坡度大幅放缓，改善原场地存在的水土流失、滑坡、泥石流等问题。顺应山势地形布置雨水花园、旱溪、草沟等生态设施，促进雨水下渗，回补地下水，过量雨水则排入湖中。在铺装上选用生态透水砖、透水混凝土等材料，促进地面雨水自然下渗。整个山体的雨水利用具有生态涵养、节水节能、环境气候调节、景观美学等多重效益。

巧妙将雨水"一水多用"。场地内滞留净化后的雨水被收集起来，用于补给路面喷洒清洁、绿地浇灌、蓄水冲厕等。利用山体原有的排水沟，保留其山体快速泄洪的功能（图 6），改造形成蜿蜒的旱溪，每逢雨季便有雨水顺应地势而下，形成如瀑如织的跌水景观（图 7）。

（三）仿画意，再现"鹊华秋色"风貌

根据反映华山自然景观风貌的传世名作来恢复景貌。元代画家赵孟頫于 1295 年创作了《鹊华秋色图》，这是中国绘画史上最负盛名的画作之一，描绘的是济南华山和鹊山一带的秋景，乾隆皇帝曾御笔将"鹊华秋色"四个字题写于引首。画境清旷恬淡，表现出恬静而悠闲的乡野风情（图 8）。

以"情景交融"的形式打造人文景观，延续地域文脉，展现华山深厚的文化底蕴和鲜明的场地精

图5 地形修复

图6 雨洪管理

图7 利用雨水打造跌水景观

图 8　华山 "画意" 分析图
图 9　山景与画意的对应分析图

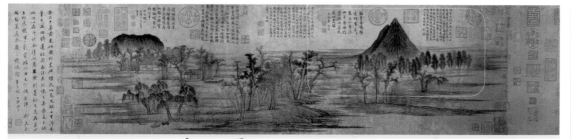

寻求华山的最佳观赏点，"山"与"画"一一对应，引领访客获得一场独特的 画境视觉感受

图8

① 山形　　　② 植物　　　③ 岛屿　　　④ 建筑　　图9

神。设计过程中，充分研究了《鹊华秋色图》中的山形、植物、建筑、岛屿等元素（图9），找到华山的最佳观赏点，让"山景"产生"画意"，再现"鹊华秋色"风貌，使游客获得独特的画境体验。

五、结语

从设计到项目竣工完成历时三年，华山从一开始的满目疮痍，到如今的秀水青山、文风古韵，成为自然风光的旅游胜地。通过多种修复措施，改善华山片区的生态系统，恢复生态的连通性和完整性，在生态保育与游憩功能之间找到平衡，构建人与自然和谐关系，满足人民群众对良好生态环境的需求，提升人民群众的获得感、幸福感。

项目组成员名单
项目负责人：杨　乐
项目参加人：张福山　李　彦　王　堃　王　晨
　　　　　　刘　月　孙运婷　刘孔阳　穆希廉
　　　　　　郭　祥　霍　鹏

山清水秀、美丽之地
——重庆中心城区坡地、堡坎、崖壁绿化美化实践探索

重庆市风景园林规划研究院 / 鲍立华

提要：坡坎崖是重庆特有的"优质资产"，最能展现重庆山水城市的本质之美。本文通过对重庆中心城区坡坎崖绿化美化309个项目的实践探索，梳理总结了排危、固土、保水、生态、风景等五大策略。

引言

随着城市化进程快速推进，重庆市内积累了大量无法使用的闲置地、边角地、废弃地等，以坡地、堡坎、崖壁（以下简称坡坎崖）的方式形成城市"秃斑"。为消除绿化"秃斑"，增加城市绿量，修复城市生态，重庆市中心城区开展了一系列的坡地、堡坎、崖壁绿化美化项目，打造山城、江城特色，加快建设山清水秀美丽之地。

一、中心城区坡坎崖现状分析

中心城区坡坎崖主要存在以下几方面问题：(1) 立地条件差，生境脆弱；(2) 处理手法单调，生态效益低；(3) 缺乏系统考虑，有机融合不够；(4) 管理较薄弱，形象欠佳；(5) 施工难度大，缺乏统一标准；(6) 后期管护难，保障有待提升。

二、规划范围及目标成效

本文探索实践的规划范围为重庆市中心城区近期可实施的 309 个坡坎崖地块，平面投影面积共约1323 万 m²。制定"一年试点示范、两年全面铺开、三年基本完成、四年巩固提升"的建设目标。自2019 年底启动实施，截至 2021 年 6 月，已累计完成 297 个，超量完成面积 1368 万 m²（图1~图6）。

三、"坡坎崖"的类型

根据坡地、堡坎和崖壁的坡度特征、高度特征和基质特征系统分类（图7）。

四、"坡坎崖"治理策略

结合中心城区坡坎崖的立地条件、坡度高度和

图1

图 1 佛图关坡地整治前后对比

基质等分类特征，以"小切口惠及大民生"为出发点，基于"生态风景"的原理与要求，塑造"稳固、绿色、共享、美丽"的坡坎崖绿化美化形象。

（一）排危

排除现状可能存在的护坡工程结构危险，保障工程安全。针对已进行工程处理的边坡，强化评估，做到结构分离，不影响原有结构的稳定性。针对未进行工程处理的边坡，采用一体化设计。

（二）固土

提高坡坎崖的生态承载能力。通过植物或工程和植物组成的综合护坡系统，利用植物与岩、土体的根系锚固作用对边坡表层进行防护、加固。防止裸露岩层的风化加剧、水土流失、保障表土营养，为后期多层次的乔灌地被衍生提供基础。

（三）保水

提高坡坎崖的保水涵养能力，减少缺水或溢水对植被造成的影响。对坡地上的径流进行蓄、滞、渗的分级调控，达到促渗保水的目的。构建高位和分台的生态蓄水池，同时提升固土材料含水效力，增大基质保水层空隙，增强下渗。在极端炎热干旱气候，辅助节水灌溉进行补水。

（四）生态

基于生态文明建设的理念和要求，从恢复城市

图 2　圣泉社区坡地绿化整治前后对比　　　　图 5　万象大道东段北侧坡地整治前后对比
图 3　高滩岩坡地绿化整治前后对比　　　　　图 6　呼归石花阶坡地整治前后对比
图 4　渝澳大桥桥下坡地绿化整治前后对比　　图 7　坡坎崖的类型

图 8　生态措施

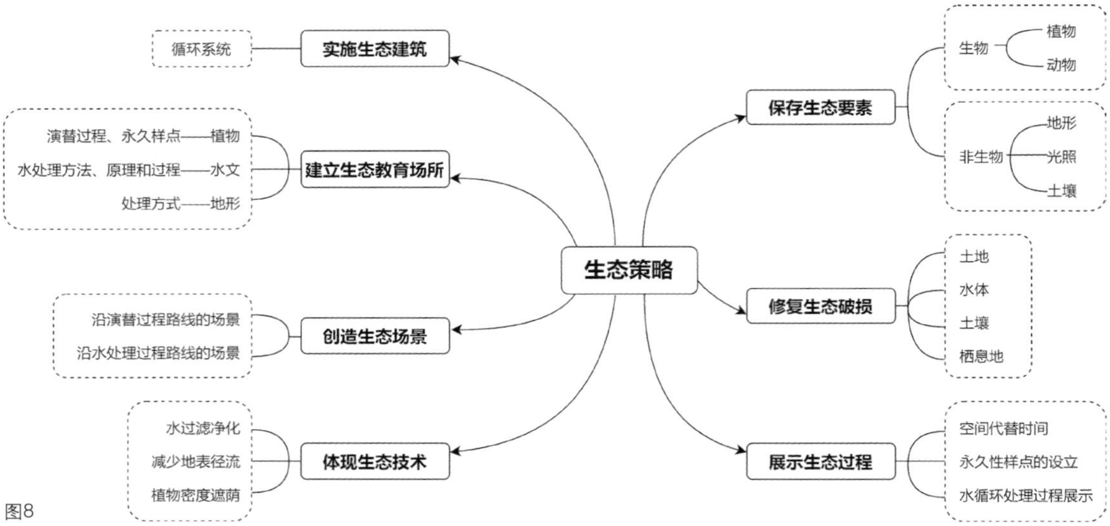

图8

生态空间、提高城市生物多样性、发挥生态社会效益等角度考虑，制定总结了7大措施（图8）。

1. 保存生态要素

以"城市绿肺、市民花园"为目标的重庆四山山体的生态屏障防护型坡地，以及承载"一江碧水、两岸青山"美景的两江生态护岸型坡地，生态要素保存良好，以保护优先、自然恢复为主。

2. 修复生态破损

对内环快速沿线、城市主干道等廊道型坡地以维育为主进行生态修复。对城市建设创面、堡坎、高切坡等破坏严重区域，进行生态改造，重建本土动植物群落。

3. 展示生态过程

（1）尊重自然演替

诱导现状绿地演替过程按自然演替的方向进行。采用不同草种或草灌混栽技术，一年生与多年生草本搭配，再混栽一定比例的灌木或小型乔木。同时我们也针对一些可修复的裸岩，从地衣和苔藓类演替阶段着手，保留原始自生植物，适当补充乡土草本，野花野草，营造城市野趣之美，特别是在重庆两江四岸大量崖壁和消落带区域采用这样的方式。

（2）构建乡土近自然植物群落

基于对重庆乡土植物及其生态群落关系的研究，结合群落斑块生境大小、与动物的关系、诱鸟物种等参考要素，我们归纳了六大植被类型及其衍生的六十种群落组合，涵盖骨干种、伴生种、灌木、草本层及林缘植被。构建起重庆特色的乡土近自然植物群落。并在坡坎崖项目中，推荐了600个乡土植物品种。

（3）筛选本土植物个体

坡坎崖以种植草本地被为主，在考虑气候、土壤、立地条件的基础上，优先选择耐干旱、耐瘠薄、根系发达、覆盖度好、易于成活、便于管理、同时兼顾景观效果的草本或木本植物。积极推广新优本土植物（表1），在项目中大量运用新优本土植物190余种，依靠其强大的繁衍能力和对土壤、土壤微生物的保护能力，有效抵御外来物种的侵扰。

（4）恢复动物栖息

坡坎崖以林鸟栖息地为主，宜选择常绿落叶混交密林，群落郁闭度宜大于0.6为佳；灌木以浆果、肉果植物，草本以种子植物为主；土壤覆盖腐殖层及枯枝落叶；人为干扰距离宜大于30m。逐步恢复动物栖息—庇护—觅食—繁衍的生境。

4. 生态建筑实施

除了自然方面的生态措施外，还应设置一些满足市民必需的生态建筑。生态建筑的措施包括：利用生态材质，比如格宾网、屋顶绿化、垂直绿化、植草格，木材等；采用采光、通风、沼气、水、枯木循环利用等。

5. 建立生态教育场所

大自然是生态教育最好的博物馆，即使坡坎崖这样的小场所，也能提高公众的生态保护意识。

6. 创造生态场景

坡坎崖在城市中亦起到了脚踏石的作用，连接各种生境斑块、廊道。坡坎崖不仅是动植物适宜的生长环境和安全的觅食栖息地；同时亦满足游客、周边居民和办公人群的环境需求，提升幸福感与获得感。建立人、动植物与环境和谐共生的场景。

（五）风景

坡坎崖，我们称之为"站起来"的风景。秉承

坡坎崖优势植物个体   表1

植物类型	植物名称	科	属	学名
小乔木	栾树	无患子科	栾树属	*Koelreuteria paniculata*
	刺桐	豆科	刺桐属	*Erythrina variegata*
	刺槐	豆科	刺槐属	*Robinia pseudoacacia*
	香樟	樟科	樟属	*Cinnamomum camphora*
	乌桕	大戟科	乌桕属	*Triadica sebifera*
	黄葛树	桑科	榕属	*Ficus virens*
灌木	云南黄素馨	木犀科	素馨属	*Jasminum mesnyi*
	双荚决明	豆科	决明属	*Senna bicapsularis*
	三角枫	槭树科	槭属	*Acer buergerianum*
	野蔷薇	蔷薇科	蔷薇属	*Rosa multiflora*
	黄花槐	豆科	槐属	*Sophora xanthoantha*
	盐肤木	漆树科	盐肤木属	*Rhus chinensis*
	山茶	山茶科	山茶属	*Camellia japonica*
	金樱子	蔷薇科	蔷薇属	*Rosa laevigata*
	八角枫	八角枫科	八角枫属	*Alangium chinense*
藤本	葎草	桑科	葎草属	*Humulus scandens*
	三裂叶蛇葡萄	葡萄科	蛇葡萄属	*Ampelopsis delavayana*
	爬山虎	葡萄科	地锦属	*Parthenocissus tricuspidate*
	常春油麻藤	豆科	黧豆属	*Mucuna sempervirens*
	地瓜藤	桑科	榕属	*Ficus tikoua*
	鸡矢藤	茜草科	鸡屎藤属	*Paederia foetida*
	扶芳藤	卫矛科	卫矛属	*Euonymus fortunei*
	凌霄	紫葳科	凌霄属	*Campsis grandiflora*
草本	蒲儿根	菊科	蒲儿根属	*Sinosenecio oldhamianus*
	蜈蚣草	凤尾蕨科	凤尾蕨属	*Eremochloa ciliaris*
	狗尾草	禾本科	狗尾草属	*Setaria viridis*
	扁竹根	鸢尾科	鸢尾属	*Iris japonica*
	酢浆草	酢浆草科	酢浆草属	*Oxalis corniculata*
	白茅	禾本科	白茅属	*Imperata cylindrica*
	高羊茅	禾本科	羊茅属	*Festuca elata*
	结缕草	禾本科	结缕草属	*Zoysia japonica*
	狼尾草	禾本科	狼尾草属	*Pennisetum alopecuroides*
	接骨木	忍冬科	接骨木属	*Sambucus williamsii*
	铜锤草	酢浆草科	酢浆草属	*Oxalis corymbosa*

在保护自然的基础上，依山势、循水脉、融人文的理念来营造风景。因为坡坎崖本身就是重庆最大的特色，而重庆人文资源与坡坎崖绿化美化结合，很容易就形成兼具观赏性和人文性的风景点。

五、"坡坎崖"治理技术应用研究

在实施过程中，我们也对目前市场上一些工程技术进行了总结，包含喷播、土工格室柔性护坡绿化、种植槽、植生棒辅助绿化、立体土工网垫绿化、生物质固态种植模块等多种新技术（表2）。

六、结语

坡坎崖绿化美化建设，首先，要全面梳理城市存量坡坎崖绿化地块，全面排查，梳理项目清

坡坎崖分类	中等坡	陡坡	崖
	（坡率/坡比≤1:2）	（坡率/坡比 1:2～1:0.5）	（坡率/坡比≤1:0.5）
挡墙/桩板墙/柱体	—	—	模块植物墙
			垒土花箱＋拉丝挂网
高架桥体护栏	—	—	轻质花箱
格构边坡	直接种植（有种植条件）	高次团粒喷播	高次团粒喷播
		植被混凝土喷播（RSP 修复技术）	植被混凝土喷播（RSP 修复技术）
		生物质固态种植模块	垒土花箱＋拉丝挂网
		垒土花箱＋拉丝挂网	GRC 塑石
		青山绿水毯	—
混凝土边坡/砂浆边坡	生长孔	生长孔	生长孔
	种植槽	种植槽	种植槽
	高次团粒喷播	高次团粒喷播	高次团粒喷播
	植被混凝土喷播（RSP 修复技术）	植被混凝土喷播（RSP 修复技术）	植被混凝土喷播（RSP 修复技术）
	生物质固态种植模块	生物质固态种植模块	垒土花箱＋拉丝挂网
	垒土花箱＋拉丝挂网	垒土花箱＋拉丝挂网	GRC 塑石
	青山绿水毯	青山绿水毯	—
土石边坡	挖坑换填	高次团粒喷播	种植槽
	波纹管	植被混凝土喷播（RSP 修复技术）	高次团粒喷播
	高次团粒喷播	生物质固态种植模块	植被混凝土喷播（RSP 修复技术）
	植被混凝土喷播（RSP 修复技术）	垒土花箱＋拉丝挂网	垒土花箱＋拉丝挂网
	生物质固态种植模块	青山绿水毯	GRC 塑石
	垒土花箱＋拉丝挂网	—	—
岩质边坡	青山绿水毯	—	—

单，掌握现状问题。其次，要科学实施坡坎崖绿化美化，按照坡坎崖类型实施。再次，要精准提升坡坎崖绿化美化品质，以生态保护、修复为基底，提升园林园艺水平，融入城市历史文脉，丰富绿地功能，增强绿地可进入性，实现坡坎崖绿化美化与生态、休闲、游憩、景观、文化、防灾等多种功能相融合。最后，科学开展监测评价优化管理，提高坡坎崖绿化美化实施科学性，制定坡坎崖绿化美化评价指标体系，科学评价坡坎崖绿化美化建设成效，反馈实施效果，巩固实施成效，优化管理。

项目组成员名单
项目负责人：黄 建 应 鹏 鲍立华
项目参加人：刘少娜 李 昂 张 崴 魏 辉
　　　　　　高 银 屈靖雅 许 英 秦华川
　　　　　　李 咏 黄秋娅

生态修复走向生态赋能

——以河北武安九龙山矿山生态修复公园为例

中国中建设计集团有限公司／吕　宁　郭志强　郭　佳

提要： 以矿山生态修复为基底，以全过程管理为支撑，以低物耗，低成本，低维护为原则，实现矿山生态修复走向生态赋能。

引言

矿产资源经多年来粗放型的开采利用造成了严重的生态破坏和环境污染，其影响制约了经济社会的可持续发展。矿山生态修复作为恢复和改善生态环境质量的重要手段，已成为我国低碳经济发展和生态环境建设背景下的主要任务。更重要的是，矿山生态修复后，如何保持区域可持续发展活力，如何解决资金运转、技术维护、管理运营以及与其他产业融合发展，仍然存在很多问题。

一、项目概况

九龙山矿山生态修复公园位于邯郸正西10km，武安正东10km，南临邯武快速路、北到309国道、西至永峰公路、东接邯郸市界，规划总用地面积约 555.98hm^2（图1、图2）。

二、现状问题

20 世纪八九十年代，九龙山区域地下煤炭资源丰富，曾经是武安地区最大的煤炭开采地，集中20 多个煤炭企业，地上布满煤矿、煤场和"散乱污"企业，历经六十多年过度开采，岩石裸露、渣石遍地、满目疮痍、生态破坏严重。作为煤矿废弃地和九龙文化发源地的九龙山，急需生态修复与全域土地综合整治有机融合，使治理后的矿区纳入"山水林田湖草"系统中发挥应有的生态效益，来满足广大人民群众对美好环境及幸福生活的需求。

三、矿山修复的技术路径及效果

（一）山体生态修复，系统恢复土地资源

九龙山山体开采破坏严重，山坡陡峭，边坡裸露，全面停止开采后，与煤相关的洗煤厂，堆煤场

图1

图 1　实景鸟瞰图

图 2　总平面图
图 3　植物根系护坡
图 4　跌水净化系统
图 5　跌水净化系统实景
图 6　地表渗透水作为水体水
　　　源补充
图 7　矿坑水净化后成为公园
　　　水体

随之兴起，土壤进一步污染、板结，肥力下降。根据九龙山矿山现状面临问题，同时考虑到暴雨集中、干湿交替明显，土层稀薄等立地条件，地表径流对原有土层易产生较大冲击，导致水土流失严重等问题，采取以下措施。

措施一：对原有径流进行重新规划和管理，通过对地貌分析比较，对径流集中发生区进行蓄、滞、导、排等一系列加固、疏导的处理方式。

措施二：地形重塑，运用多级隔坡，自然安息角放坡等自然式微地形方式调整地势。边坡采用锚杆、挂网、挡土墙以及高次团粒喷播草种、环保草毯、生态袋等植物根系护坡方式（图 3）除险加固，尽可能实现低维护的自然山体地势，同时满足植被生长恢复需求。

措施三：表土重建，将板结硬化的土壤翻松，对土壤成分以及肥力进行检测，加入土壤改良基质，恢复土壤原生活力。

（二）矿井废水利用，雨洪管理相结合，塑造可持续生态水景观

九龙山废弃矿坑内常年积攒了大量的矿坑水、地表渗透水、岩石孔隙水、地下含水层的疏放水，

图例
❶ 南入口游客接待中心
❷ 特色酒吧
❸ 滨水漫步花谷
❹ 多功能运动公园
❺ 游客综合休闲运动体验中心
❻ 神泉农禅花谷
❼ 花海休闲木屋
❽ 花海体验景观
❾ 花海驿站
❿ 合欢广场
⓫ 花海观景平台
⓬ 花间香径
⓭ 儿童欢乐谷主题园
⓮ 滨水营地
⓯ 溪谷景观
⓰ 悠搏滑草
⓱ 山顶观景平台
⓲ 桃花山花溪
⓳ 山地野奢帐篷酒店
⓴ 飞林速降
㉑ 树上绳网公园
㉒ UTV 驾驶区
㉓ 山地车骑行公园
㉔ 马场骑行
㉕ 山顶绿道
㉖ 北入口区花谷
㉗ 北观摩入口
㉘ 北彩虹桥入口
㉙ 北现状入口
㉚ 北侧主入口景观桥

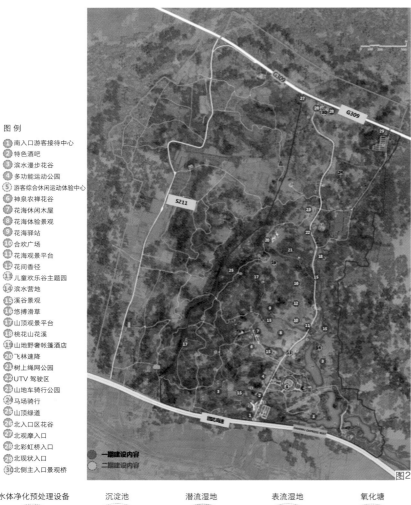

图2

图3

图5

图4

图6

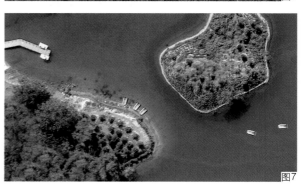

图7

其中镉、铅等重金属、总硬度、溶解性总固体以及氨氮指标超标。

对水污染主要成分进行分析研究，通过设备初步化学净化与生态循环净化相结合的方式，同时根据山体自然地形及地表径流方向设计跌水坝（图4），结合沉淀、表流、浅流循环交替以及氧化等流程净化水体（图5），构建完善的无动力净化系统，最终实现将劣Ⅵ类水净化为Ⅳ～Ⅲ类水质。

同时，经过现场勘查实验，评估采空区、塌陷沉稳区、坑塘蓄水区的地下砂土结构厚度和渗透性能，综合选用淤泥土生态防水，三七灰土防水，EPDM橡胶膜防水，分情况分位置精确改造为景观湖体（图6、图7），阻止生态系统的持续退化，满足蓄水、灌溉与景观用水的需求，同时与净化溪流形成完善的雨洪管理系统，高效回收利用水资源，改善周边空气湿度，创造更为适宜的小气候，构建健康、安全的生态水景观。

（三）选择生境修复参考系，高效修复植物群落

由于矿产资源的大量开发，山体植被遭到严重的破坏，乔灌木仅存小片油松，圆柏林和荆条灌木丛，生境系统受到严重影响，昆虫等动物绝迹。

为重塑九龙山生境系统与生物群落，设计尊重自然，最大化保护与利用原场地植物资源，同时选取相近纬度以及海拔高度的邯郸紫山公园作为生态修复参考系，优选40余种耐寒、耐瘠薄、抗逆性强的乡土植物（图8）进行九龙山生态群落高效修复，其中为昆虫筛选抗旱，抗病虫害强的蜜源植物，制作昆虫旅馆；为鸟类提供结果的招鸟植物，同时构建本杰士堆；为哺乳动物预留林间生物廊道，为山体原有的白狐狸、野兔、刺猬、松鼠提供一个安全生存的生态环境（图9）。修复后山体种植各类树木44万余株，恢复以针叶林为主、阔叶林为辅的混交林，森林覆盖率恢复到80%，实现生态保育与修复手段完美融合。

（四）固废再利用，低物耗低成本实现固碳新途径

场地内堆有大量的建筑废料以及煤矸石，其中煤矸石堆积物具有高含碳量和高自燃特点，随时有坍塌的危险且径流带出的化学物质加剧了环境污染。

针对建筑废料以及煤矸石材料特性，固废材料再利用主要分为两种，一是场地内建筑废料通过粉碎处理用于坑土填充；二是矿山废弃矸石利用

图8

图9

图10

其强度较高，自然风化程度低的特点，主要用于路基（图10）主要填料与边坡加固，部分烧制为砖石，用于园路、活动场地铺装以及部分景观墙体（图11）。就地利用，化固废为资源，实现了低物耗、低成本，节能减排的新途径。

四、生态赋能路径探索

（一）从生态修复到生态赋能

九龙山矿区修复后，生态环境拥有显著的改

图8　修复后的植被情况
图9　恢复野生动物栖息地
图10　煤矸石作为道路路基填料

善，生物群落逐步稳定，固碳能力明显加强，系统碳库逐渐恢复。与此同时，结合矿山独特地质地貌，深度挖掘地域历史文化，导入强有力的运营主体，策划了一系列适合于当地山、林、湖、田的旅游项目，包括山地运动、亲子宿营、生态农业、文化康养、素质拓展、矿山景观地质百科等投资低但娱乐性强、话题度高、经营收益好的特色产品，形成了富有主题的历史民俗游览线路，有效实现矿山场景营造，达到场景引流、场景体验与场景消费的高效循环，带动了周边乡村旅游、山地运动以及科普研学产业协同发展，成功将资源转为资产，实现

图 11　煤矸石砖砌筑活动场地
图 12　修复后的山体植被

资产升值溢价。

（二）生态赋能的实施路径

设计团队职能转型，参与项目全过程管理，实现单一设计向全产业链模式转化，率先引领"生态修复 + 运营前置"的发展战略，将生态修复与策划运营思维有机融合，充分活化当地资源优势，考虑使用人群、消费场景以及业态等可持续发展，全面推动矿山生态公园的激活与赋能。

五、结语——生态赋能，重塑矿区活力，实现绿色高质量发展

九龙山矿山生态公园的建设将一座曾经满目疮痍的矿山打造成为全民共享的开放式空间，重新塑造了山水城人可持续发展关系，满足了人们对于休闲、旅游、运动等功能需求，解决了矿区劳动力和再就业安置问题。在 2019 年与 2021 年作为河北省旅游发展大会重点观摩项目，得到了广泛的认可与好评。2021 年 3 月 20 日，人民日报头版刊发题为《河北邯郸持续推进生态修复和绿色转型——矿山变绿生活更美》的报道，文中以"废弃矿山成生态公园，文旅产业蓬勃发展"为题高度评价九龙山矿山生态修复公园的价值。据不完全统计，公园在 2019 年投入使用后，仅当年"十一"期间总接待量达到 26.32 万人次。九龙山矿山生态公园为冀中南矿山生态修复提供了经典案例，真正实现了生态效益、经济效益和社会效益的多赢（图 12）。

项目组成员名单
项目负责人：吴宜夏　潘　阳　吕　宁
项目参加人：郭志强　张　檬　王中华　段岳峰
　　　　　　　张　林　衡　娟　敖仕恒　王彬彬
　　　　　　　刘光泽　郭　佳

山东威海环翠区滨海步行道景观设计

绿苑景观规划设计（山东）有限公司／韩　凯

提要： 延续城市特色风貌，统筹推动海岸线和海域保护，推进城市建设与自然生态有机融合，建设精致城市。

一、项目解读

（一）区位的独特性分析

威海市地处山东半岛东端，三面临海，市域范围内山系结构清晰，水脉丰富，海岸线曲折蜿蜒，岸线总长985.9km。

沿岸既有大自然赋予的"山、海、岛、礁、林、滩、湾"等生态资源，又涵盖了地文景观、水域景观、生物资源、文物古迹、人文资源等，赋有浓郁的海文化。

（二）项目现状分析

本项目涉及的环翠区滨海步道，规划范围为双岛林场内K1路至东山宾馆，是威海市中心核心海岸线，总长30.1km。沿海岸线自然和人文资源的分布比较分散（图1），步行道体系整体结构呈片断、破碎状态；基础设施相对落后；城市内缺乏完整、系统的滨海生态廊道。同时，海岸带发展与生态保护长期存在矛盾，出现了资源破坏和海岸线不合理利用等问题，海岸线区域现存历史文化遗产与乡土景观的保护与利用不够，缺乏有效的游览路线和宣传措施，标识系统不明晰，没有形成整体化的自然人文体验网络。

因此，各沿海绿地之间缺乏连通性、可达性、可视性，造成城市居民与外来游客对威海特色海岸线公共休闲活动空间的参与性和体验性不够，缺少接近自然、体验滨海风情的机会。

二、设计脉络

步道整体设计中根据不同段落的区位、城市空间分布情况、独特的自然环境、人文历史资源、地域景观特色等因素，结合相关的活动形式，进行分段落设计，并制定每段绿道规划的主题（图2）。

（一）尊重自然，融入环境，塑造最自然的路径

海岸线区域作为海陆生态系统的交界，选线设计充分尊重自然生态环境的肌理，塑造与自然环境相融的生态路径。对涉及的海岸、海湾、海滩、礁石、岬角、沿海防护林等自然风貌进行保护，突出城市自然山海风貌特性，打造最具威海特色的滨海慢行系统。

图1　总平面图

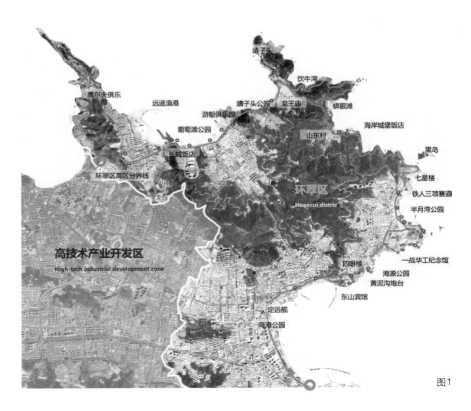

图1

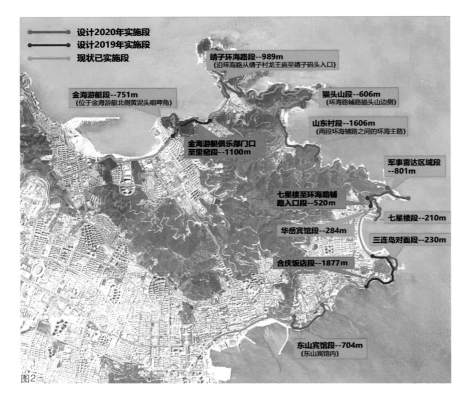

设计2020年实施段
设计2019年实施段
现状已实施段

靖子环海路段--989m
（沿环海路从靖子村龙王庙至靖子码头入口）

猫头山段--606m
（环海路辅路猫头山边侧）

金海游艇段--751m
（位于金海游艇北侧黄泥头咀呷角）

山东村段--1606m
（两段环海辅路之间的环海主路）

金海游艇俱乐部门口
至里密段--1100m

军事雷达区域段
--801m

七星楼至环海路辅
路入口段--520m

七星楼段--210m

华岳宾馆段--284m

三连岛对面段--230m

合庆饭店段--1877m

东山宾馆段--704m
（东山宾馆内）

图2

在沙滩区域进行绿道布置，首先考虑海风、海雾、潮水位线等景观设施和植物的影响，利用沙生植被，打造原生态景观（图3）；在部分景色优美，通行需求强烈的礁石崖壁上，设置架空栈道。在保护礁石和原生植被的同时，使游人感受到东曦既驾，落日熔金的岸线风光（图4）。

利用沿线山林自然景观中原有的山路、土路，通过生态透水的碎石子路完善步行体系，在树干的间隙中灵活选线，在局部平坦空地，开辟出驻足停留观景空间，设置相配套服务设施。

景观设计在最大限度保护环境的同时，满足人们对功能的需求。以顺应基址生态环境、节约物质与能源、保护生物多样性和提高植物生态效益为原则，打造同海岸线环境相得益彰的生态基础设施。

（二）主题鲜明，挖掘文脉，营造最融合的情境

威海海岸线沿线文化景观可以划分为山水文化景观、宗教文化景观、工程设施景观、历史建筑、游憩文化景观等类型。例如"一战"华工纪念馆、四眼楼、七星楼、黄泥沟炮台、定远舰等多处历史建筑和古迹；黑岛、猫头山、靖子头、饮牛湾等自然风景资源；龙王庙、梭鱼台、远遥渔村等宗教、生产生活文化景观；海源公园、葡萄滩公园等沿海工程设施景观等。

滨海步行道的贯通设计，在串联这些各具特色的景点的同时，充分挖掘属地历史文化特色，利用园林景观手法加以表达，保持历史文脉的延续性和突出海岸线文化内涵，对恢复和提高海岸线景观的活力，增强海岸线的地方特色、文化性、教育性、趣味性等意义重大，让威海文化通过滨海步行道的建设，更为丰满地呈现在世人面前。

展示海岸线独特人文景点的同时，亦不错过民俗风情、传说故事等文化资源，以猫头山步道建设为例，属地流传着"天庭御猫下凡助沿海居民消除灾患，化身小岛镇守海疆平安"的传说。设计将传说故事与景观结合（图5），游览绿道时就可了解"猫头山"的由来。巧妙提取"猫爪"元素，以就地取材的山石镶嵌在石子路上（图6），恰到好处地融入步道景观中。

图3

图4

图5

图6

图2　分段设计图
图3　沙质岸线步道实景
图4　礁石岸线步道实景
图5　猫头山传说介绍实景
图6　就地取材的"猫爪印"实景

（三）重点建设，打造节点，塑造滨海景观明珠

将空间大、用地性质允许的段落作为步道建设重点，使其成为滨海步行道整体设计中的滨海景观明珠。以金海游艇段步道为例，入口景观融入文创设计元素，"喂！海"，两字将公园亲海、赏海的意境表现得淋漓尽致，滨海步行道迅速在网络、短视频平台走红，被亲切地称为"谐音梗"公园（图7）。

公园观览海景的最佳区位，设置多处观海平台。在欣赏浪打岸礁的壮阔的同时，能够在内心泛起古时文人"幸甚至哉，歌以咏志"的涟漪。与褚岛对望之处设置的观岛平台借助地形地势之妙，将悬崖礁石、大海、岛屿一览眼前，更能让游客萌生振臂一呼的冲动（图8）。

松林里废弃的水塔（图9）曾为附近居民生活生产存储淡水资源，作为遗存的场地记忆，水塔经过了改造重生，结构加固，海洋元素彩绘等手段，形成家长休憩，孩童娱乐的趣味环形空间（图10）。

（四）串珠成链，因地制宜，实现最高效的贯通

步行道借势城市原有的公园道路、景区游道进行贯通，将人行道和车行道进行改造，对其进行修缮、画线。

无法修建人行道区段（如山东村、靖子头段，两侧山体陡峭，不具备修建人行道条件）沿路边铺设彩色陶瓷颗粒防滑路面，引导游人、骑行者快速通过，实现步道的高效贯通。

并根据实际情况完善沿途的绿道标识系统，设置绿道标识牌、警示牌，路面印制绿道LOGO，标识系统统一采用"威海绿道"标志。不同级别的绿道标识在统一规划的基础上，通过精细化设计使其各具特色（图11），提升步道建设品质，实现慢行系统城市性贯通。

三、项目建设的重要意义

合理保护和开发滨海资源，高水平规划建设城市海岸带，是提升城市品位和内涵的重要举措。滨海步道的线形本质和"串联"的特性，将威海滨海风景资源完美展现，展示沿海特色海域文化，助力城市延续独有的山海特色城市风貌，联系自然与人文资源，营造城市与自然生态和谐共存的美丽画面。

图7

图8

图9

图10

图11

图7　金海游艇段步道入口标识实景
图8　褚岛视线观景平台实景
图9　废弃的水塔（水塔乐园前身）
图10　水塔乐园实景
图11　绿道入口LOGO小品实景

项目组成员名单
项目负责人：王　震
项目参加人：戚海峰　田　磊　王建国　韩　凯
　　　　　　张婷婷　李　馨　何云鹏　穆志刚
　　　　　　李东彦　李　龙

激发城市活力的滨水空间营造

——山东济南小清河生态景观带改造提升工程

济南园林集团景观设计有限公司／王志楠　王　岩

提要： 基于"存量提质、更新改造"这一城市建设新背景，本项目立足现状资源，探索稳定生态格局、提升使用功能和延续城市文脉的方法，从绿脉、水脉、文脉三方面入手，全面提升小清河生态景观带的景观风貌。

引言

一条河，兴盛一座城。如果说泉水是泉城的魂魄，那么，小清河则是济南的血脉。小清河源起三水交汇之处，自南宋年间开挖以来，已有近900年历史，是世界上独一无二的泉水河，是构成济南整体山水格局的重要组成部分。在历史上，小清河是济南重要的文化走廊、经济走廊和生态走廊。随着济南"携河北跨"城市发展战略的推进，本次设计完善了小清河的生态、功能和文化功能，在济南由"大明湖时代"迈向"黄河时代"的过程中起到重要的纽带作用。

一、基本思路

设计充分结合上位规划及场地现状，提出"泉水玉带连明珠，大珠小珠润清河"的设计主题，构建"一条健身绿道、四个健身游园、六个标准节点、多个一般节点"的景观结构（图1），并通过完善道路系统、增加使用功能、延伸文化内涵、合理植物配置，打造一条能够稳定生态格局、激发区域活力、彰显城市特色、重视环境获得的城市滨水绿廊。

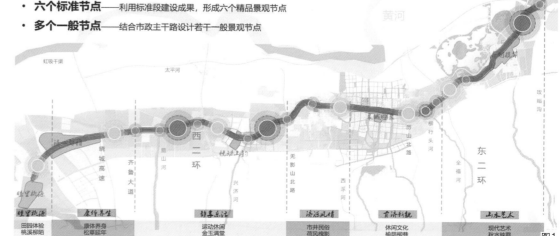

图 1　总体景观结构图

图 2　健身绿道实景航拍
图 3　健身场地改造前后实景

二、规划设计内容

（一）优化生态基底

在植物种植方面，设计主要从尊重、添彩、复绿三个角度进行重点提升改造。

尊重：经过两轮的生态建设，小清河边垂柳、国槐、青桐、黄金槐等落叶乔木普遍长势良好。充分保护长势良好的现状大乔木，使新景观与大树共生共融。

添彩：现状小清河植被色彩相对单一，缺乏色彩变化。设计重点针对春季花期和秋季色叶期两个季相进行了梳理和提升。从早春到暮秋，各类花卉次第盛开，植物的叶色十分多变。

复绿：采用大乔木＋地被灌木的种植模式，重点种植林下耐阴地被，增加绿量而不阻挡观景视线。

（二）激发区域活力

健身绿道：改造后的小清河形成南北两岸总计60km长的健身绿道，满足使用者漫步、慢跑等休闲需求。并行与分行交替设置的绿道（图2），使人时而漫步林间，时而亲近水岸，全方位感受小清河的水岸之美。

功能节点：改造前，小清河滨河绿地的廊架、健身器械等设施年久失修，可供停留活动的空间不足，缺少坐凳、遮阴廊架、卫生间、管理房等基础设施，无法满足使用者需求。设计团队充分调查现状场地情况，或利用现状场地，或新增活动场地，以满足使用者休憩、交流、运动等不同的使用需求。

结合腹地充足的位置，设计4个特色游园，集中提供各年龄阶段可用的休闲健身设施（图3），满足周边居民的休闲运动需求，同时设置卫生间、服务管理用房等配套设施，提供更好的配套服务。

小清河生态景观带采用了标准段先行先试的模式，利用标准段建设成果，形成睦里桃源、康体养生、静享乐活、济泺风情、古济新貌、山水艺术6个精品景观节点，各段主题鲜明，特色各异。

（1）睦里桃源景观节点，设计团队利用现状林地，增加春花植物，结合游园步道以及林下广场，形成世外桃源般郊野景观，健身绿道穿行在桃林之中，偶有休憩亭廊供游客休息，形成"寻找桃花源"的愉悦氛围。

（2）康体养生景观节点，倡导健康养生的理念，充分利用自然优美的生态驳岸及场地扩建亲水平台和滨河木栈道，形成竹林绿道和杉林栈道特色，打造立体亲水环境。

（3）静享乐活景观节点，以运动休闲文化为主题，重点打造舒适的全民健身活动空间，考虑管涵上部覆土厚度有限不能种植大乔木，局部增加彩色几何遮阴廊架，改善游赏舒适性，提升游人的景观获得感（图4）。

（4）济泺风情景观节点，主要展示老济南的民国风情和津浦线的铁路文化，结合现状打造滨水文化绿道，局部点缀亲水挑台，抽取老式列车、铁轨等文化符号，设计特色景观小品，展现活力、绿色、水岸相容、色调鲜明的民国特色景观。

（5）古济新貌景观节点，展现开敞大气、水岸相容、色调沉稳的中式景观。结合现状场地，整合提升出一条集健身、休闲、游憩为一体的复合型

图 4 静享乐活节点改造前后实景
图 5 山水艺术节点

图4

图5

Landscape Architects

健身绿道，连接人文景观节点，形成与河岸环境密切结合的带状景观走廊。

（6）山水艺术景观节点，拥有近在咫尺的真山真水，以流畅、简洁的折线线条布局，凸显山水现代艺术特质。设置景观小品、健身场地、慢行绿道、特色景观花廊等，以满足大众休闲放松、游览及健身需求（图5）。

（三）彰显城市特色

小清河是延续着"四渎"之一的古济水河道和古泺水之源，哺育了齐鲁大地和济南文明，是一条见证了济南诞生、兴衰、繁荣的母亲河，凝聚着济南几代人的记忆，是济南城市精神及泉文化的汇集点。

设计团队深入挖掘沿线航运文化、民国文化、铁路文化、运动文化等元素，沿小清河打造文化景观和文化活动，借助景墙、雕塑、构筑物等各种形式，重视景观意境的营造，全方位提升景观文化内涵，延续历史文脉，彰显城市特色。

民国文化——在济泺风情风貌段，以津浦铁路文化为主题，提取火车造型，体现津浦铁路沿线站点和民国人物剪影形象等文化内容，同时设计追火车男子圆雕，增加场地的文化互动性（图6）。

传统体育——在静享乐活风貌段，设计以现状南水北调箱涵立面为载体，根据本段运动休闲、时尚活泼的特色定位，充分考虑与现状远古神话主题浮雕的衔接，选择以点状画框式浮雕的形式，展示古代体育运动项目，进行一次古与今的对话。

航运文化——设计保留并修复了盐仓码头水榭，保留历史遗迹，将其演化成活的历史故事、凝练的文字和古老的铁轨，以园林的形式诉说着悠久的盐运历史。同时，设计还通过墙面和地面的石材浮雕，再现小清河的航运、盐运历史，画面上的船夫人物从浮雕延续到场地圆雕，增强景观互动性。

康养文化——康体养生风貌段依托良好的现状自然驳岸，结合现状场地，向河道方向扩建层级下降的平台，增加亲水休闲空间，同时呼应本段的康养文化，选取太极文化内涵，设计经典太极招式景墙，营造怡然恬淡的景观氛围。

图 6　民国文化小品改造前后实景
图 7　中式韵味水景改造前后实景

（四）重视环境获得

安全亲水——考虑防洪需求，小清河城区段河道现状均为直砌驳岸，使用者无法近距离亲水。在古济新貌风貌段腹地充足的位置，以旱喷广场的形式，扩建形成"荷韵广场"，提炼涟漪水纹元素设计地面铺装、造型坐凳和旱喷泉，提供安全戏水活动空间，强化滨水景观的趣味体验。在济泺风情风貌段，则利用现状地形高差，借鉴传统园林设计手法，新增假山叠水和水榭景亭（图 7），拉近人与水的距离，增加水景的延续性和趣味性，兼顾休息、点景和赏景的功能。

观景平台——在视线良好的区域，结合现状场地位置，扩建形成观景节点，适当降低驳岸挡墙，通过外挑观景平台或高架观景平台的方式，为使用者提供多方位的观景体验，同时打造区域景观视线焦点。

时空隧道——与小清河相交的市政、铁路道桥下的阴暗空间是卫生和文明死角。在现状津浦铁路桥下，设计从该段定位的民国历史和铁路文化主题出发，提取铁路轨道线形，设计感应灯光景墙，改善阴暗的光照条件，营造"时空穿梭"的景观体验。

三、工艺技术创新点

新材料——在地面、墙面铺贴材料中，积极应用预制混凝土、仿石砖、重竹木、陶瓷颗粒、艺术水泥等新材料；在植物材料方面，应用编制国槐、编制海棠等造型植物以及缀花草坪等新品种，丰富了植物景观。

新工艺——尝试运用微型钢桩技术设计林间栈道，减少开挖工程量和对现状植被的破坏。

新手法——运用轻钢结构、冲孔钢板、玻璃等材料，诠释亭、廊、榭等传统园林建筑，传承古韵、营造意境。

改造提升后的济南小清河生态景观带，生态效益得以增强，社会功能日趋完善，城市品质大幅上升，增强了人民群众的获得感和幸福感，已成为济南北部市民休闲、健身、赏景的理想场所，必将助力济南"携河北跨"，走进"黄河时代"！

项目组成员名单
项目负责人：陈朝霞　史承军
项目参加人：刁文妍　王志楠　宋佳民　王贞斌
　　　　　　李海龙　白红伟　邱萌萌　袁丽梅
　　　　　　田　园

审图号：GS京（2022）1487号

图书在版编目（CIP）数据

风景园林师：中国风景园林时代印记和精品实录．
2022．下／中国风景园林学会规划设计专业委员会，中
国风景园林学会信息委员会，中国勘察设计协会风景园林
与生态环境分会编．－－ 北京：中国建筑工业出版社，
2022.9
　　ISBN 978-7-112-27954-8

　　Ⅰ．①风…　Ⅱ．①中…②中…③中…　Ⅲ．①园林设
计－中国－图集　Ⅳ．① TU986.2-64

中国版本图书馆 CIP 数据核字（2022）第 174358 号

责任编辑：郑淮兵　杜　洁　兰丽婷
责任校对：王　烨

风景园林师 2022下
中国风景园林时代印记和精品实录

中国风景园林学会规划设计专业委员会
中 国 风 景 园 林 学 会 信 息 委 员 会　编
中国勘察设计协会风景园林与生态环境分会
*
中国建筑工业出版社出版、发行（北京海淀三里河路 9 号）
各地新华书店、建筑书店经销
北京富诚彩色印刷有限公司印刷
*
开本：880 毫米 ×1230 毫米　1/16　印张：9½　字数：300 千字
2022 年 12 月第一版　2022 年 12 月第一次印刷
定价：99.00 元
ISBN 978-7-112-27954-8
　　　　（39955）